우리 삶 속에 스며든 **황금비**에 대한 모든 것

황금분할을
찾아 떠나는 여행

한스 발저 지음
전재복 옮김

KM 경문사

일러두기

1. 이 책은 독일어판 *Der Goldene Schnitt* (Hans Walser, 1996)를 참고하여 영어판 *The Golden Section* (Hans Walser, MAA, 2001)을 번역하였다.
2. 인명, 지명, 저서명은 한글 맞춤법 외래어 표기법에 따라 표기했으며, 국립국어원 편찬 《표준국어대사전》을 우선적으로 참조했다. 그 외는 관행을 따랐다.

독일어판 머리말

황금분할은 고대로부터 여러 장면에 등장한다. 예를 들면, 기하학, 건축, 음악, 미술이나 심지어 철학에서도 볼 수 있다. 한편, 공학이나 프랙털이라는 새로운 분야에서도 자주 나타난다. 이런 방법으로 황금분할은 다른 것과 독립된 현상이 아니라 어떤 공통된 생각을 일반화하는 과정 속에서, 최초로 그리고 가장 간단한 예로 많이 등장한다.

이 책의 목적 중의 하나는 황금분할의 예를 많이 보는 것이다. 또 하나는 그런 생각을 발전시켜 명백하게 하는 것이다. 황금분할은 일반화하는 과정 중에서도 가장 간단한 예가 되어 교육적인 의미도 크다. 교육현장에서 금방 알 수 있는 것 중에서 가장 간단한 경우를 취급할 수 있기 때문이다.

제2장에서는 프랙털의 구성에 대해 설명하는데 여기에서도 황금분할은 가장 간단한 예이다. 그 다음의 장에서는 황금기하학이나 황금비로 접거나 자르기도 하고, 황금수열, 황금정다면체, 황금준정다면체가 주제이다.

이 교재의 독자층으로는 학생, 학자, 수학교사나 관심이 있는 아마추어를 가정하고 있다. 또한 각각의 장은 독립적으로 읽을 수 있도록 구성하였다. 독자에게는 손을 사용하여 기하학적인 작업이나 대수적인 계산을 하기도 하며, 창작적인 공예(종이접기나 모형 만들기 등)에서도 순서나 힌트를 얻을 수 있도록 하였다.

황금분할은 개념적으로도 풍부하지만 여러 분야에서 좋은 예를 만들 수 있는 힘이 있다. 그래서 이 교재에서는 그다지 접하지 않은 분야의 문헌도 몇 개 인용해 두었다. 건축이나 미술에 관한 것은 [Ghy]나 [Hag]가 있고, [Hun]은 수학의 미학적인 측면을 다루고 있다. 마지막으로, [B/P]나 [Tim]은 황금분할에 관한 폭넓은 입문서이다.

동료교사들로부터는 많은 예와 시사점을 얻었다. 모저(Hans Rudolf Moser)는 많은 연습문제를 가르쳐주었고, 슈플리(Reto Schuppli)는 원고를 아주 꼼꼼하게 읽고서 많은 비평을 해주었다. 두 분에게 마음으로부터 깊은 감사를 드린다.

이 교재를 출판하는데 라이프치히에 있는 토이프너 출판사의 바이스(Jürgen Weiss)로부터 받은 너그러운 관심에 감사를 드린다.

1993년 2월, 프라우엔펠트
한스 발저

영어판 머리말

이 시리즈로 이전에 출판한 한스 발저의 책인 《대칭성》(*Symmetrie*)의 경우와 마찬가지로, 가능한 한 독일어 원문에 가깝게 영역을 했다. 따라서 영어를 이용하는 독자에게는 다소 불편할 수도 있으리라 생각한다. 왜냐하면 인용문헌이 주로 독일어로 되어 있다는 점이다. 인용문헌은 인용하는 장소에 국한되므로 다른 것으로 바꿀 수가 없다. 그러나 그 문헌의 영역판이 있으면 그것을 인용하는 것으로 했으며, 영어책도 조금은 추가했다. 그러므로 독자들이 심각하게 고민할 필요는 없으리라 생각한다. 이 책의 문헌은 실제로 읽고 난 다음에 읽기 위한 것이기 때문이다. 발저가 지은 이 책은 아주 상세하게 쉬운 말로 되어 있어서 예비지식은 필요가 없다.

더욱이 이 글이 어떤 특정한 기하학의 분야를 망라하는 교재일 필요는 없다. 저자 자신이 머리말에서 말하고 있는 것처럼 이 교재의 목적은 황금분할에 대한 내용과 수학의 여러 분야나 우리 문명 속에 황금분할이 어떻게 스며들어 있는지를 나타내고 있다. 이런 의미에서 특히 황금분할과 프랙털의 현대적 이론과의 연관성은 이 교재의 중요한 특징을 이룬다고 할 수 있다.

여기에서 원문에 추가한 두 가지 수정된 사항을 보여주겠다. 가장 중요한 것은 가독성을 위해 장, 절, 소절마다 번호를 붙여, 교재 속에 있는 문제(마지막 장)에 저자가 해답을 제공할 때에도 일련번호를 붙였다. 저자가 해답을 싣지 않은 것은, (번호를 붙이지 않고) 문제만 보이고 해답은 싣지 않았다. 실제로 그런 문제의 해답은 대부분 문제를 제시한 바로 다음의 본문 속에 포함되어 있다.

둘째는 짧은 여분의 절(제4장 4절)을 보태어 DIN A4 용지의 성질을 미국 독자들에게 설명한 것이다. 'A4용지'는 미터법을 사용하고 있는 곳에서는 익숙한 말이고, 'DIN'은 단순히 독일규격이라는 것을 나타낼 뿐이다.

또한, 영어판이 독일어판을 번역했다는 느낌이 들지 않도록 문장을 조금씩 바꾸었다.

(한 번 더 말하지만!) 이번 번역서의 원고를 만들면서, 동료인 페데르센에게 귀중하고도 아주 효과적인 도움을 준 데 대하여 감사하며, 번역을 주의 깊으면서 또한 비판적으로 숙독을 해준 동료 알렉산데르손에게도 감사의 말을 전하고 싶다.

마지막으로 이 번역의 최종판인 마지막 버전을 만들면서 동료인 프리치와 홀스워스의 아주 귀중하면서 (빠른!) 공헌에도 깊이 감사드린다.

2001년 5월, 빙엄턴에서
피터 힐튼(Peter Hilton)

차례

- 독일어판 머리말   iii
- 영어판 머리말   vi

CHAPTER 1   무슨 얘기야?

1.1 황금분할이 뭐야?   2
1.2 기호   6

CHAPTER 2   프랙털

2.1 자연계와 공학에서 보는 프랙털   12
2.2 황금니무   13
2.3 프랙털 차원   16
2.4 프랙털을 만든다   18
2.5 정사각형 프랙털   21
2.6 삼각형 프랙털   23
2.7 황금정사각형 프랙털   27

CHAPTER 3   황금기하학

3.1 황금비 작도   32
3.2 정오각형과 정십각형   37

3.3 황금직사각형	43
3.4 황금다각형	55
3.5 황금타원	59
3.6 황금삼각법	65

CHAPTER 4　접기도 하고 자르기도 하고

4.1 종이띠로 정오각형을 접는다	70
4.2 종이접기	73
4.3 오각형	77
4.4 부록: DIN A4 용지	80

CHAPTER 5　수열

5.1 황금분할(또는 황금비)의 거듭제곱의 일차화	84
5.2 피보나치 수열	86
5.3 $1+\sqrt{2}$ 의 거듭제곱	95
5.4 이차방정식의 해의 거듭제곱	99
5.5 일반 피보나치 수열	103
5.6 연분수	112
5.7 두 개의 등비수열의 일차결합	114
5.8 다중 근호	117

CHAPTER 6　정다면체와 준정다면체

6.1 정다면체　　　　　　　　　　　　　122
6.2 정육면체와 정팔면체에 기초한 구성　123
6.3 마름모 입체　　　　　　　　　　　128

CHAPTER 7　예와 문제

7.1 수 게임　　　　　　　　　　　　　150
7.2 기하 교점　　　　　　　　　　　　155
7.3 극값 문제　　　　　　　　　　　　160
7.4 황금확률　　　　　　　　　　　　　161

- 문제의 답　　　　　　　　　　　　　165
- 해답 이해돕기　　　　　　　　　　　175
- 참고문헌　　　　　　　　　　　　　　205
- 수학자에 대하여　　　　　　　　　　209
- 찾아보기　　　　　　　　　　　　　　215

CHAPTER

1

무슨 얘기?

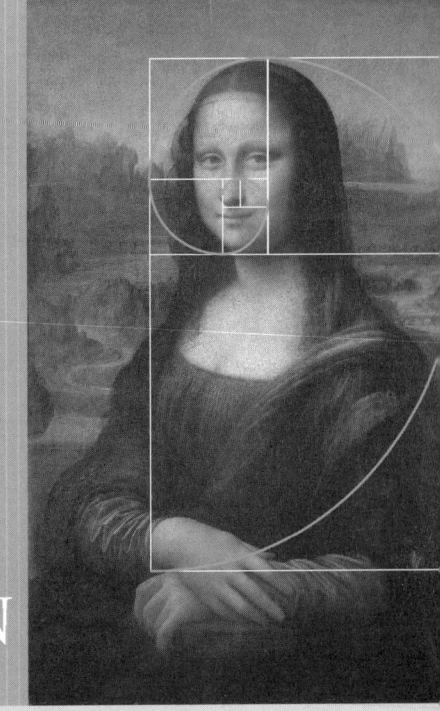

GOLDEN SECTION

1.1 황금분할이 뭐야?

황금분할은 기하학적 또는 산술적인 상황 속에서 나타나는 비를 말한다. 그림 1의 예에서는, 정삼각형, 정사각형, 정오각형과 원이 그려져 있는데, A, B, C라는 세 점 사이의 비(즉, 선분 AB에 대한 AC의 비)가 항상 같다는 것을 알 수 있다.*

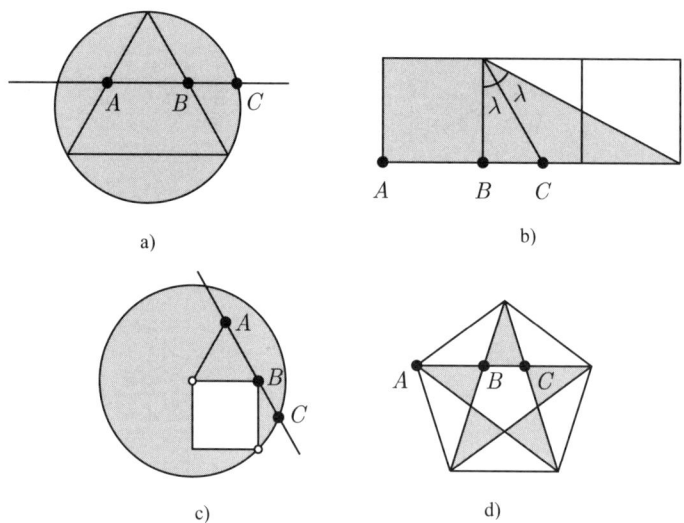

그림 1 어느 경우든 세 점 A, B, C는 비가 같다

그림 2와 그림 3의 프랙털에서도 같은 비가 모습을 드러내고 있다. 이후로 이 비가 황금분할과 어떤 관계에 있는지를 보기로 한다.

---

* 증명은 이 교재의 어딘가에 있지만, 여러분 스스로 해결해 보기 바란다. 만일 간단히 풀 수 있으면, 여러분은 이 교재의 반 정도는 쉽게 읽을 수 있을 것이다. $a)$는 문제 73, $b)$는 그림 26의 설명, $c)$는 문제 14, $d)$는 그림 63과 관련이 있으니 참고하기 바란다.

그림 2 '황금삼각형의 프랙털'에서 황금분할의 비

그럼, 황금분할이란 무엇일까? 물음에 답하기 위해 다음의 정의를 해 둔다.

정의.
어떤 선분이 **황금분할의 비** 또는 **황금비**로 나누어진다는 것은, 큰 쪽의 선분과 작은 쪽 선분의 비가, 전체 선분과 큰 쪽 선분과의 비 와 같다는 것을 말한다.

결국 황금비란 이처럼 큰 선분의 작은 선분에 대한 비를 말한다. 만일 선분 전체의 길이가 1이고, 큰 선분의 길이가 x라면(그림 4 참조),

$$\frac{x}{1-x} = \frac{1}{x}$$

1.1 황금분할이 뭐야? 3

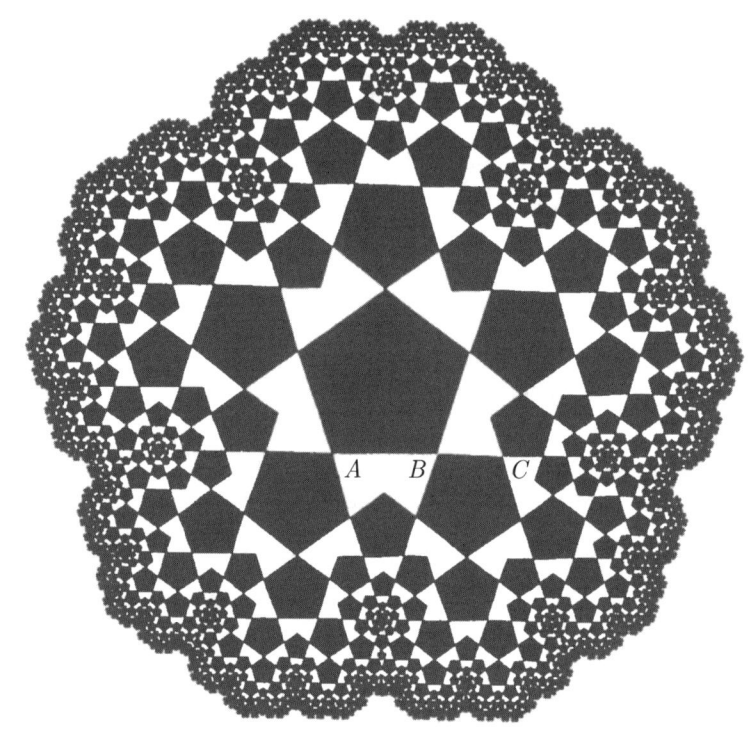

그림 3 '정오각형 프랙털'의 황금분할

가 된다.*

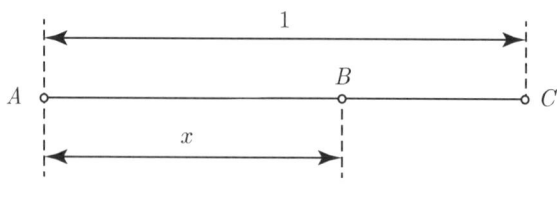

그림 4 황금비에 의한 분할

---

* 이것은 결국 $x^2 = 1 \cdot (1-x)$이고, 유클리드는 이것은 그림 4로 말하면, 선분 AC를 모서리로 하는 정사각형을 그리고, B에서 내린 수선의 오른편 직사각형의 넓이 $1 \cdot (1-x)$와 선분 AB를 모서리로 하는 정사각형의 넓이 x^2이 같다는 것을 나타내고 있다. 〈해답 이해돕기〉를 참고하라.

그러므로 x는 이차방정식

$$x^2 = 1 - x$$

의 해(근)이다. 이 방정식에는 두 개의 해

$$x_1 = \frac{-1+\sqrt{5}}{2} \approx 0.618 \text{과} \quad x_2 = \frac{-1-\sqrt{5}}{2} \approx -1.618$$

이 있다. 길이 x는 양수이어야 하므로,

$$x = \frac{-1+\sqrt{5}}{2}$$

이다.

이 수를 지금부터 ρ로 나타내기로 하자.

황금분할의 비를 정의하는 것은 그림 5처럼 기하학적 정리를 사용하여 설명하는 것도 좋을 것이다.*

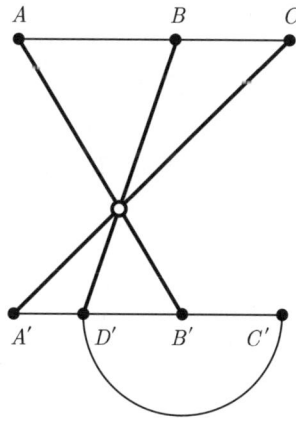

그림 5 비 AB/AC와 $A'B'/A'C'$가 둘 다 ρ이고, D'가 B'를 중심으로 하는 C'의 거울반사라면, 선분 AB, BD', CA'는 한 점에서 만난다.

---

* 이 그림이 황금비를 기하적으로 설명하고 있다는 것은 어렵지 않게 이해할 수 있지만, 착각하여 헤매면서 증명할 수 없을 수도 있다. 그런 이유만으로 앞으로 나아가지 못하면 곤란하므로 〈해답 이해돕기〉에 증명을 실어두었다.

1.2 기호

위에서 언급한 것처럼,

$$\rho = \frac{-1+\sqrt{5}}{2} \approx 0.61803$$

이다.

ρ의 역수를 τ로 쓰기로 하자. 그래서 황금비* τ는

$$\tau = \frac{1+\sqrt{5}}{2} \approx 1.61803$$

이 된다.

두 수 ρ와 τ는,

$$\tau\rho = 1,$$
$$\tau + \rho = \sqrt{5},$$
$$\tau - \rho = 1,$$
$$\rho^2 + \rho = 1,$$
$$\tau^2 - \tau = 1$$

---

* 문헌에서 황금비 τ를 황금평균(golden mean), 신성분할(divine section), 신성비율(divine proportion)이라고도 한다(예를 들면, [Hun] 참조). 흥미로운 것이 황금비는 이미 유클리드가 예의 주시를 했고, 그는 이것을 '중간과 끝의 비'라는 의미로 분할이라고 불렀다. 이 교재에서도 τ에 대하여, 황금분할과 황금비라는 용어를 번갈아 쓰고 있다. 또한, τ 대신에 그리스 문자인 φ도 자주 쓰이고 있다는 점에 유의하자(예를 들면 [Kap] 참조).

이라는 관계식을 만족한다.*

물론 두 양의 비가 τ 또는 ρ라면 이는 황금비이다. 그렇기 때문에 ρ도 황금분할이나 황금비라고 부르기도 한다.

---

* 이들 식을 조금 바꾸면, 뜻밖의 공식을 얻을 수 있어서 재미있다. 재미있다고 생각하면, 자신만의 공식집을 만들어두면 편리하다. ρ는 내분비, τ는 외분비라는 용어도 사용한다.

CHAPTER

2

프랙털

GOLDEN SECTION

Ich bin ein Teil des Teils, der existiert,
　　나는 존재하는 일부분의 일부이다

allein und doch vernetzt im Sein des Ganzen,
　　현존하는 전체 속에 홀로 그리고 또한 연결이 되어

Immerzu gehorchend, immerzu gebietend,
　　항상 순종하며, 항상 이끌며

dem Kleinsten und dem Grössten ähnlich,
　　가장 작은 것과 가장 큰 것에 비슷하게

bin ich ein Teil des Teils, der existiert.[*]
　　나는 존재하는 일부분의 일부이다

Chantal Spleiss

프랙털이란 자기유사성(Self-Similarity)을 나타내는 도형, 즉 부분 도형이 도형 전체를 작게 복제한 도형을 말한다.

프랙털의 개념은 만델브로(Benoit Mandelbrot, 1924~2010) [Ma1], [Ma2]에 의해서 도입되었다. 그는 이 개념으로 지금까지 알려져 있는 여러 가지 패턴이나 개념을 통일된 틀에 짜넣을 수 있게 하였다. 특히 만델브로 자신은 프랙털의 정수가 아닌 차원에 흥미를 가졌다.

다음으로 자연계와 공학에서, 예를 들어 간단한 기하학적인 모델을 생각해보고, 그것에 어떻게 황금비가 나타나는지를 보여준다. 이 예를 사용하면 프랙털 차원을 얘기할 수도 있다.

---

[*] 독일어로 된 멋진 시를 영역한다는 것은 역자의 능력을 넘는 것이지만, 독자 여러분은 가능하면 독일어로 배우길 바란다. 부분의 일부이지만 전체이기도 하다는 철학적이면서도 수학적으로도 작가가 프랙털에서 시상을 얻었음에 틀림없는 의미 있는 시이다.

2.1 자연계와 공학에서 보는 프랙털

    자연계와 공학에서는 프랙털이 자주 '교환 프로파일'로 모습을 보여준다. 라디에이터나 연소기관의 복잡한 겉모양을 떠올려보자. 어느 경우도 열교환을 최적으로 하기 위하여 가능하면 표면적을 크게 하는 것이 문제이다. 교환 프로파일의 또 다른 한 가지 예는 배수 시스템이다 (그림 6a).

    배수 시스템은 원칙적으로 지류를 흡수해 가는 본류로 만들어져 있다. 다시 지류는 각각, 자신의 지류를 갖는 배수 시스템이고, 본질적으로는, 원래의 배수 시스템의 작은 복제이다. 여기에서 복제라는 것은 기하학적인 복제라기보다는 '기능'으로의 복제라고 생각해야 한다. 만일 이러한 배수 시스템을 거슬러 올라가, 아주 작은 물웅덩이나 흐름의 시작에 다다랐다고 하면 땅과 물 사이에는 실질적인 분리를 찾아볼 수 없

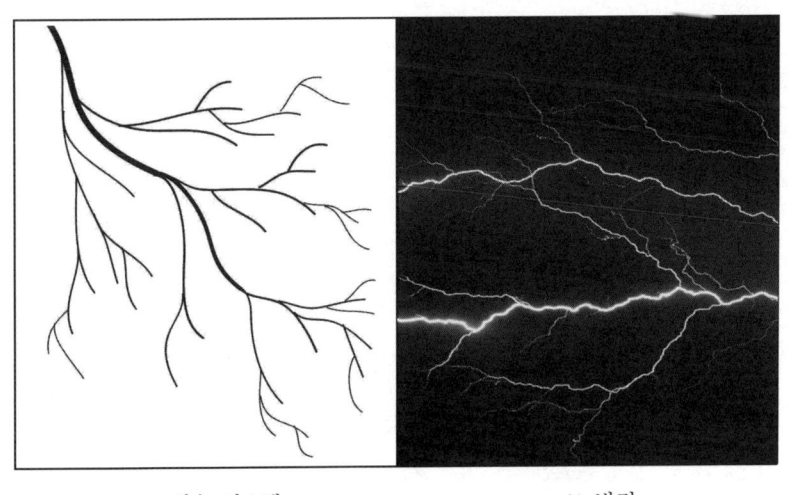

a) 배수 시스템   b) 방전

그림 6

을 것이다. 창세기에 있어서 천지창조의 보고는 오늘날에는 다음과 같이 설명할 수 있을지도 모르겠다. 즉

> 하나님이 가라사대, 천하의 물이 한 곳으로 모이고,
> 물이 드러나라 하시매 그대로 되니라. (창세기, 제1장, 제9절)
> 천지창조 사흘날에 프랙털이 만들어졌다.

자연계에서 볼 수 있는 예는 다음과 같은 것도 생각할 수 있다.

- 가지 뻗기를 하는 나무: 교환 프로파일은 동화작용, 이산화탄소와 산소의 교환을 위한 것이다.
- 허파꽈리를 가지고 있는 사람의 폐: 교환 프로파일은 이화작용, 산소와 이산화탄소의 교환을 위한 것이다.
- 주택지역의 도로 시스템: 여기에서 교환 프로파일은 문명과 자연의 교환을 위한 것이다.

그림 6b는 번개가 칠 때 방전되는 사진이다.

2.2 황금나무

자연계에는 나무나 배수 시스템과 같이 중요한 성질이 분기되는 프랙털의 예가 있다. 가장 간단한 기하학적인 모델은 길이가 1인 줄기가 120°각도로 길이가 f인 두 개의 가지로 나누어지는 것으로부터 시작한다. 이러한 제1세대의 가지도 각각 120°각도로, 길이가 f^2인 두 개의

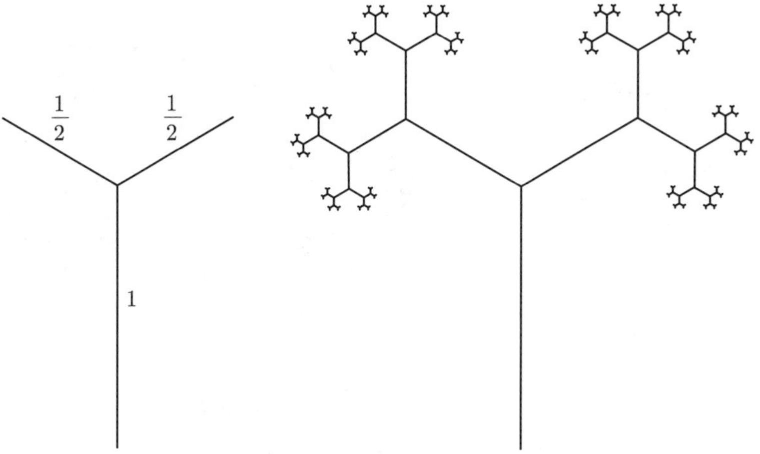

a) 처음의 배치   b) 프랙털

그림 7 축소율 $f=\frac{1}{2}$일 때의 나무 프랙털

가지로 나누어지며, 그 이후의 분기도 120°각도와 축소율 f로 반복하면서 이루어진다. 축소율이 $f=\frac{1}{2}$일 때, 그림 7a는 처음의 배치를 나타내고, 그림 7b는 나무 프랙털 전체를 나타내고 있다

그림 7b에서 보면 축소율을 $f=\frac{1}{2}$로 선택할 때 부분 프랙털로 되는 가지 사이에는 틈이 있고, 볕이 잘 닿는 멋진 나뭇가지 끝이 보인다. 축소율 f를 크게 해가면, 얼마 동안은 틈이 줄어들지만, 머지않아 가지가 겹쳐지면서 틈이 없게 된다.

문제 1. 축소를 전혀 하지 않고, $f=1$로 하면, 어떤 도형이 생길까?

그림, 가지들이 부딪쳐서 만나는, 즉 가운데 틈이 없지만 가지들이 겹치지는 않는 순간의 축소율 f를 결정하자. 그림 8로부터 이것은

$$f\cos 30° = f^3\cos 30° + f^4\cos 30° + f^5\cos 30° + \cdots$$

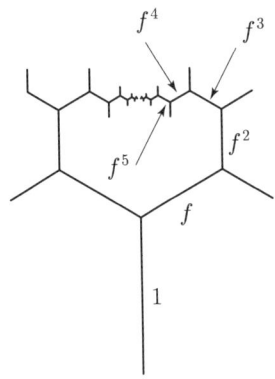
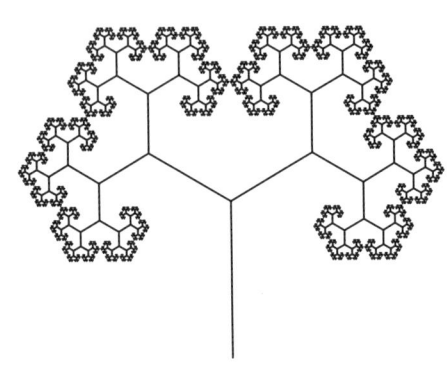

a) 가지가 서로 만난다.   b) 황금나무

그림 8

즉,

$$f \equiv f^3 + f^4 + f^5 + \cdots = \frac{f^3}{1-f}$$

라는 조건이 된다는 것을 알 수 있다. 이것으로부터 방정식

$$1 - f = f^2$$

을 얻고, 이 방정식의 양의 해가 바로 황금비 $f = \rho$이다. 그림 $8b$는 축소율이 ρ일 때 '황금나무'를 나타내고 있다.

문제 2. T 모양의 분기인 경우에 대응하는 나무에 대한 축소율의 크기는 얼마인가?(그림 $9a$) (주의: 이 T 프랙털의 제1세대는 DIN A4 용지의 접는 격자를 사용하여 그릴 수 있다. DIN A4 용지의 크기에 대하여 상세한 것은 4.4절을 참조할 것.)

문제 3. 세 개로 가지가 나누어지는 경우의 축소율은 크기가 어느 정도일까?(그림 $9b$)

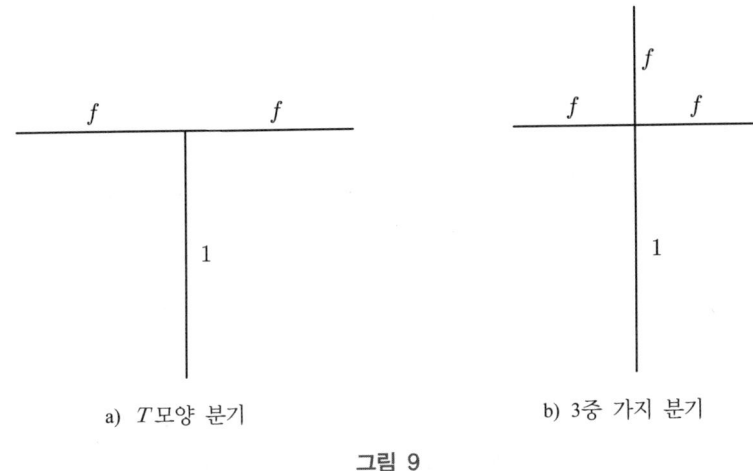

a) T모양 분기　　　　b) 3중 가지 분기

그림 9

2.3 프랙털 차원

만일 실이 한가운데서 두 개로 끊어졌다면 길이가 반인 실이 두 개 생긴다. 기하학적으로 말하자면, 2등분하면 길이가 반인 부분 선분이 두 개로 된다는 것이다(축소율 $f = \frac{1}{2}$). 한편, 정사각형을 길이가 반인 부분 정사각형으로 나누면($f = \frac{1}{2}$), $4 = 2^2$개의 부분 정사각형이 생긴다. 만일 새로운 모서리의 길이가 원래 모서리 길이의 $\frac{1}{3}$이라면($f = \frac{1}{3}$), $9 = 3^2$개의 부분 정사각형이 생긴다. 정육면체를 모서리 길이가 반인 부분 정육면체로 나누면($f = \frac{1}{2}$), $8 = 2^3$개의 부분 정육면체가 생긴다. 만일 새로운 모서리 길이가 원래 모서리 길이의 $\frac{1}{3}$이라면($f = \frac{1}{3}$), $27 = 3^3$개의 부분 정육면체가 생긴다.

이와 같이 얻어지는 물체의 개수 n은 한쪽에서는 길이의 축소율 f에, 다른 쪽에서는 차원 D에 의존하고 있어서, 위에서의 예와 같이

$$n = \left(\frac{1}{f}\right)^D$$

가 된다.

결국 차원 D에 대해서는

$$D = \log_{(1/f)}(n) = -\frac{\log n}{\log f}$$

라는 관계식이 성립한다.

자, 그럼 이 식을 사용해서 황금나무(그림 8b)의 차원을 계산해보자. 황금나무는 줄기에서 두 개의 황금나무로 갈라지므로, 그때의 축소율은 원래의 황금나무에 대해 $f = \rho = \frac{1}{\tau}$이다. 이렇게 해서 황금나무의 차원 D는

$$2 = \tau^D$$

라는 조건을 만족하기 때문에

$$D = \frac{\log 2}{\log \tau} \approx 1.4404$$

가 된다.

이 황금나무의 차원은 위에서 보는 것처럼 정수가 아니고 무리수이다.('프랙털 차원'을 '분수 차원'으로 부르는 것은, 보통 '분수'라고 하면 유리수로 생각하기 때문에 오해를 일으키기 쉽다.)*

문제 4. 그림 10과 그림 11의 나무 프랙털 차원은 얼마인가?

---

* 처음부터 용어가 한글로 만들어졌다면 이런 이름은 붙지 않았을 것이다. fractional dimension(분수 차원)은 fractal dimension(프랙털 차원)과 영어로 글자나 소리가 비슷하여 더욱이 오해를 일으키기 쉽기 때문에 분수 차원이라고 부르지 말기를 권한다.

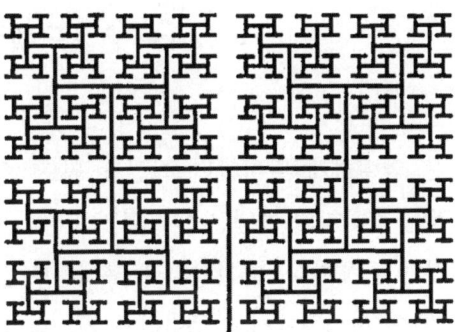

그림 10 T모양 분기를 갖는 나무 프랙털

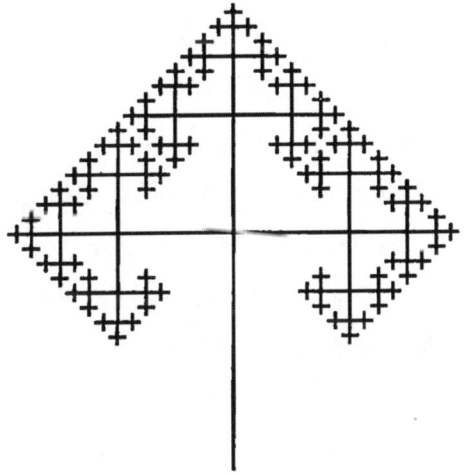

그림 11 3중 가지 나누기를 갖는 나무 프랙털

2.4 프랙털을 만든다

현실 세계에서는 엄밀하게 말하자면 직선도 원도 존재하지 않는다. 이 두 가지 기본적인 기하학의 개념은 '이상화' 또는 '추상화'된 것이고 우리들 마음속에서만 존재한다. 마찬가지로 프랙털도 현실 세계에서는 없다. 예를 들면, 배수 시스템에서도 무한하게 가느다란 수맥까지 거슬러 올라갈 수는 없다.

소위 물질의 성질이기 때문에 한계에 부딪치는 것이다. 황금나무의 프랙털(그림 8b)도 같은 것으로 무한히 그려 있지는 않다. 어느 것이든 분기 세대가 10 정도가 되면 육안으로는 분별할 수가 없으므로, 10세대 이후의 프랙털을 만드는 것을 그만두어도 좋다. 10세대이면 이미 이 나무에는 2^{10} = 1024개의 가지가 있다. 종래의 제도 도구밖에 없기 때문에 이것이 프랙털의 '최초'에 지나지 않는다고 말해도, 종래의 제도 도구밖에 없을 때에는 의미가 없다. 그러므로 프랙털의 아이디어가 하이테크의 제도 도구, 그 중에서도 컴퓨터를 사용하면서부터 처음으로 눈에 띄게 된 것은 놀랄 만한 일도 아니다.

황금나무의 프랙털은 차례차례 가지가 분기하므로 제도 프로세스도 반복되게 된다. 결국, 각 단계에서는 간단하고 기본적인 반복을 해, 각 세대에서 축소율 f의 길이가 되도록 하는 것이다. 세대가 새로워질 때마다 분기 수는 배가 되고, 해야 할 일의 양은 세대의 지수함수 양만큼씩 증가해 간다.

문제 5. (컴퓨터 프로그램을 만드는데 흥미가 있는 독자에게) 그림 10과 그림 11의 나무 프랙털을 만드는 컴퓨터 프로그램을 생각할 수 있을까?

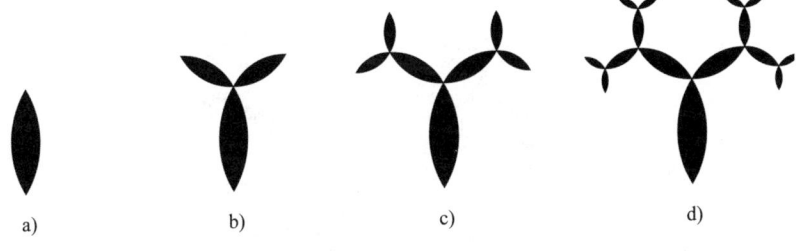

그림 12 황금나무의 진화

 이와 같은 프랙털의 자기유사성의 기본 성질로부터 작도에 닮음변환을 이용한다는 아이디어가 생각난다. 그것은 예를 들면, 컴퓨터를 이용하든 또는 단순히 축소 가능한 복사기를 사용해도 가능하다. 위의 나무의 예에 그려져 있는 선은 축소할 때마다 가늘어져서 조만간 눈에 보이지 않게 된다는 문제가 있다. 그래서 적당한 2차원 도형으로 예를 들면 그림 12와 같은 꼭짓점이 두 개인 도형에서 시작할 필요가 있다.

 활꼴(lune)*이라 부르는 그림 12에 있는 도형에서 시작하여, 축소율 $f = \rho$로 축소한 복제를 두 개 만들어 그것을 그림 12b와 같이 처음 도형에 붙인다. 붙이는 것은 축소된 두 활꼴을 잘라내어 처음 도형에 그림과 같이 붙이면 된다. 다시 그림 12b에서 f의 비율로 축소한 활꼴을 네 개 만들어 그림 12c와 같이 그림 12b의 도형에 붙인다. 이런 과정을 반복한다. 그림 13은 나무 프랙털로 눈으로 볼 수 있는 범위에서는 완전한 것을 나타내고 있다.

 작업은 각 세대에 대하여 계속해서 진행되면 거기에 있는 도형을 $f = \rho$의 비율로 축소한 복제를 두 개씩 만들어 그것을 원래의 도형(그림 12a)에 붙여도 가능하므로 전체의 작업량은 세대수에 관해서 1차함

---

* Lune은 활꼴이라고 일반적으로 해석하지만, 원래는 변화하는 달의 모양을 나타내고, '달 모습'이라고도 한다. 그러나 여기에서 나타내고 있는 모양은 오히려 볼록렌즈 같은 모양이어서 활이나 달도 이 모양은 아니다.

2.4 프랙털을 만든다

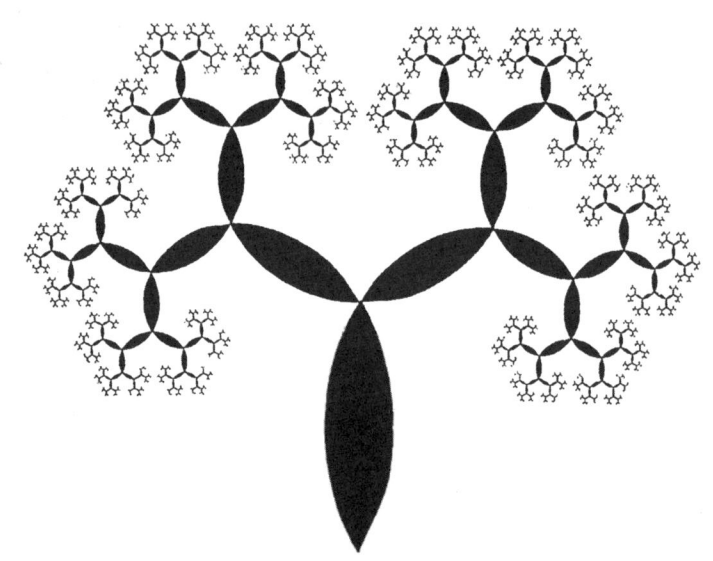

그림 13 (활꼴이라 부르는) 꼭짓점이 두 개인 도형으로 만든 황금나무

수적으로 늘어난다. 그래서 복제로 행하는 방법은, 지수함수적으로 시간이 걸리는 반복 순서보다도 더 낫다. 더욱이 최근에 프랙털 작도에 대하여 훨씬 효과적인 방법이 개발되어 있다[Bar].

그림 14는 3중 가지 나누기를 갖는 프랙털과 같은 모양의 그림이다 (그림 11과 비교).

그림 14 3중 가지 나누기를 갖는 프랙털

2.5 정사각형 프랙털

이 절과 다음 두 절에서는 정사각형과 정삼각형으로 만들어지는 프랙털을 이야기한다. 이 프랙털들도 위에서 얘기한 축소와 복제의 절차를 이용하여 작도할 수 있다.

모서리 길이가 1인 정사각형의 네 각에 모서리 길이가 $\frac{1}{2}$인 정사각형(제1세대)을 놓는다. 이 네 개의 제1세대인 정사각형에는 세 개의 비어 있는 각이 있고, 이 비어 있는 각의 각각에 모서리 길이가 $\frac{1}{4}$인 정사각형(제2세대)을 놓는다. 제2세대의 정사각형의 비어있는 세 각에 이번에는 모서리 길이가 $\frac{1}{8}$인 제3세대의 정사각형을 놓는다. 세대가 증가할수록 모서리 길이를 항상 반으로 하면서 이런 과정을 반복한다(그림 15).

그림 15 정사각형 프랙털의 진화

그림 16은 이렇게 해서 완성된 정사각형 프랙털이다. 여기에서도 맨눈으로 볼 수 있는 것은 유한 세대뿐이다.

문제 6. 그림 11의 나무 프랙털과 그림 16의 정사각형 프랙털은 어떤 관계에 있는가?

그림 16 정사각형 프랙털

2.6 삼각형 프랙털

그림 16의 정사각형 프랙털에서 정사각형의 역할을 정삼각형으로 바꾸면, 그림 17의 삼각형 프랙털을 얻는다. 이 삼각형 프랙털은 그림 16의 정사각형 프랙털과는 본질적으로 다르다. 정사각형 프랙털의 네 가지는 서로 닿지만, 삼각형 프랙털의 세 가지 사이에는 빈 공간이 남아있다. 서로 닿도록 하고 싶으면 한 세대에서 다음 세대로 넘어갈 때의 축소율을 더 크게 골라야 한다.

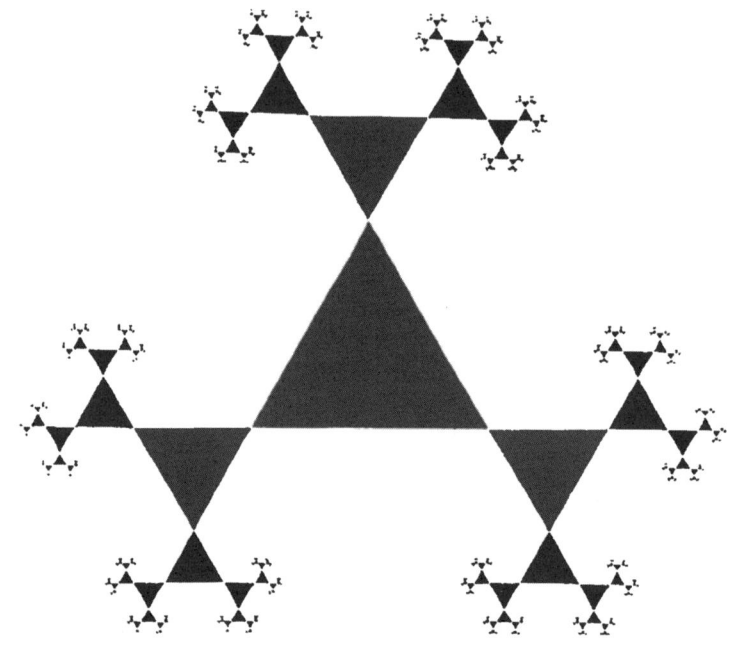

그림 17 삼각형 프랙털

이 축소율 f를 계산하기 위해서, 그림 18의 정삼각형 ABC에서

$$1+f+f^2 = 2(f^2+f^3+f^4+f^5+\cdots) = 2\frac{f^2}{1-f}$$

라는 조건을 끄집어낸다. 여기에서 3차방정식

$$f^3+2f^2-1=0$$

을 얻는다. 이 방정식에는 분명히 $f_1 = -1$이라는 해가 있다.

이 해에 대응하는 1차식 $f+1$로 나누면 나머지 해에 대한 2차방정식

$$f^2+f-1=0$$

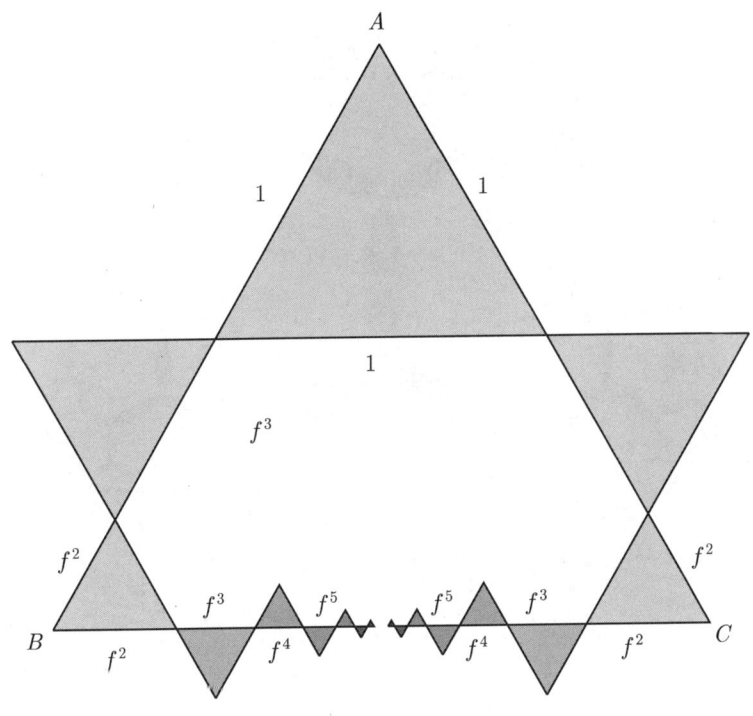

그림 18 축소율 f의 계산

을 얻고, 이 2차방정식의 해는 $f_2 = \rho$, $f_3 = -\tau$이다. 결국 세 개의 해 중에서 유일한 양의 해로부터 축소율 $f = \rho$를 얻는다. 여기에 대응하는 황금삼각형 프랙털이 그림 2이다.

유클리드 평면기하학에서 황금비는 대부분이 정오각형과의 관계에서 나오지만 프랙털 기하학에서는 정삼각형에 바탕을 두고 작도되는 도형에 관계하여 발견할 수 있다.

그림 19는 그림 13의 황금나무 세 개를 조합한 것이다. 그림 2의 황금삼각형과 비교해보면 윤곽과 내부 구조에 대하여 중요한 관계가 있다는 점을 눈치 챌 수 있다. 여기에서 원래 도형의 기하학적인 모양보다도 작도의 반복 순서 쪽이 훨씬 중심적인 역할을 한다는 것은 명백하

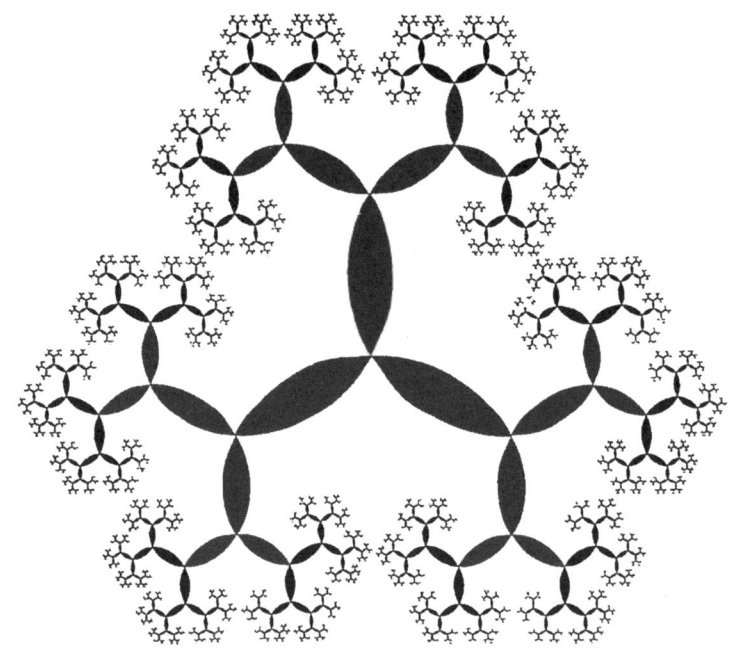

그림 19 세 개의 황금나무

다. 첫 단계 뒤에 앞 세대의 삼각형에서 비어 있는 두 각에 축소한 삼각형을 붙였는데, 그것은 황금나무의 경우 가지 나누기에 대응한다.

문제 7. 그림 20의 정사각형 프랙털도 그림 10의 나무 프랙털과 마찬가지로, T형 분기 구조를 포함하고 있지만, 두 개를 비교하면 본질적인 차이가 있다. 그것은 무엇인가?

그림 20 T형 분기를 갖는 황금정사각형 프랙털

2.7 황금정사각형 프랙털

그림 16의 정사각형 프랙털에서는, $f = \frac{1}{2}$의 비율로 축소했지만, 축소율이 $f > \frac{1}{2}$이라면 가지가 겹치는 결과가 나타난다. 그래서 겹치는 경우가 생기는 $f > \frac{1}{2}$의 경우에서, '흡수'가 생기는 구체적인 예를 찾자. 가장 간단한 예는 물론, $f = 1$로서, 이때 겹치는 것은 제2세대에서 생기고, 대응하는 프랙털은 무한히 큰 체스판이 된다. 자명하지 않은 가운데에서 가장 간단한 예는, 제3세대의 정사각형 겹치기가 생기는 것이다(그림 21).

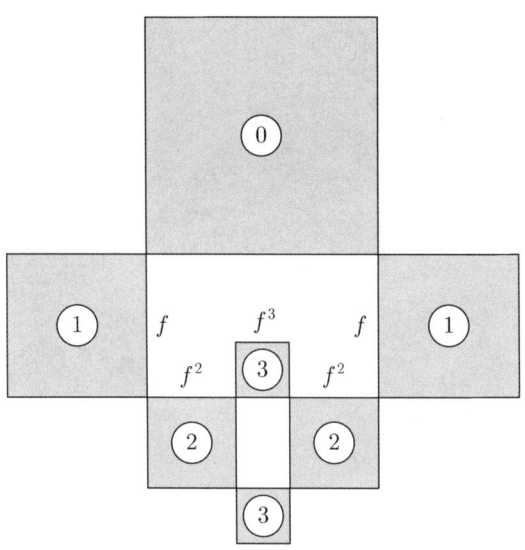

그림 21 제3세대에서 겹치기

그때, 축소율 f는 조건

$$1 = 2f^2 + f^3$$

을 만족한다. 결국 황금삼각형 프랙털의 경우와 같은 3차방정식을 만족하고, 양의 해는 $f = \rho$ 하나이다.

그림 22는 이 황금정사각형 프랙털을 나타내고 있다. 나머지 하얀 직사각형은 황금직사각형이고, 두 모서리의 비는 황금비이다.

그림 22 황금정사각형 프랙털

문제 8. 3중 가지 나누기를 갖는 프랙털(그림 11과 그림 14 비교)의 축소율 $f = \rho$를 선택했을 때, 겹치기는 어떻게 될까?

문제 9. 3중 가지 나누기를 갖는 프랙털(그림 11과 그림 14 비교)의 축소율 $f = \rho$를 선택했을 때, 겹치기는 어떻게 될까? 그림 23은 어느 정도까지 그림 22의 정사각형 프랙털의 변형에 지나지 않는다고 말할 수 있을까?

그림 23 황금정사각형 프랙털의 변형

CHAPTER

3

황금기하학

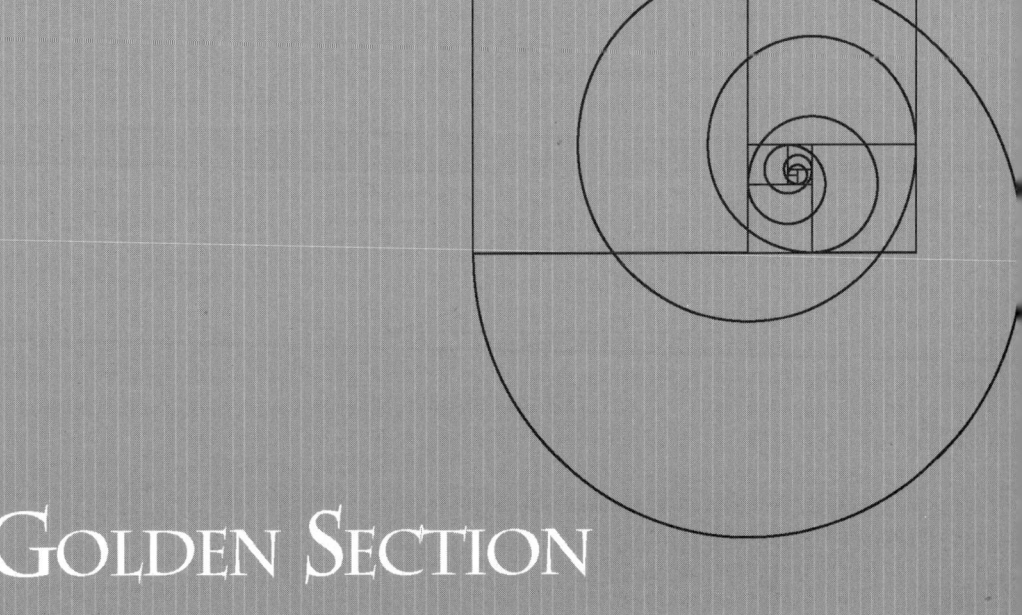

GOLDEN SECTION

3.1 황금비 작도

3.1.1 고전적인 작도

그림 24는 황금비로 가장 잘 알려진 작도를 나타내고 있다. 빗변이 아닌 모서리(cathetus)*가 $a=1$, $b=\dfrac{1}{2}$인 직각삼각형 ABC에서, A를 중심으로 하고 $b=\dfrac{1}{2}$을 반지름으로 하는 원을 그린다. 이 원과 직선 AB와의 교점으로 내부의 점을 D, 외부의 점을 E라 하자.

이때,

$$|BD| = \sqrt{\dfrac{5}{4}} - \dfrac{1}{2} = \dfrac{\sqrt{5}-1}{2} = \rho,$$

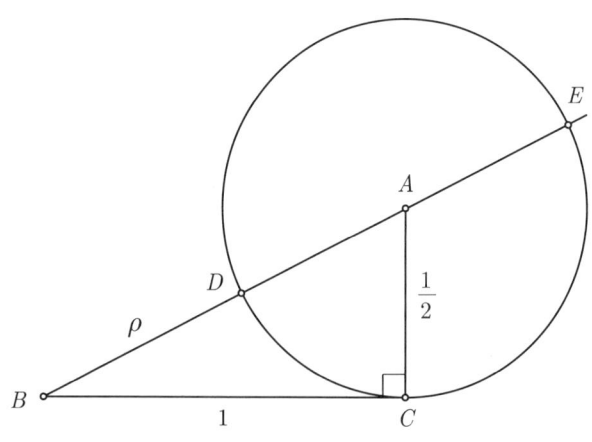

그림 24 황금비의 작도

---

* cathetus는 직각삼각형에서 빗변이 아닌 모서리를 말한다. 그러나 라틴어사전에 이 단어는 '수직선'으로 되어 있는데 꼭 그렇다고 제한하지 않는다. 이것은 실제로 이오니아식 건축에서 기둥머리의 소용돌이꼴 무늬의 중심을 지나는 수직인 유도선으로 이것에 의하여 소용돌이 모양이 결정된다.

$$|BE| = \sqrt{\frac{5}{4} + \frac{1}{2}} = \frac{\sqrt{5}+1}{2} = \tau$$

가 된다.

여기에서 수직인 모서리 $b = \frac{1}{2}$을 길이 $b = \frac{n}{2}$, $n \in N$으로 바꾸어 A를 중심으로 하고 반지름이 $b = \frac{n}{2}$인 원을 만든다. 그러면 A를 중심으로 하는 원의 반지름은 $\frac{n}{2}$이므로, $|BE| - |BD| = n$이다. 점 B는 이 원에 관하여 멱(거듭제곱) 1(즉, $|BC|^2 = 1$)을 가지므로 $|BD|$와 $|BE|$는 서로 상반적이다. 이렇게 해서 각 $n \in N$에 대하여 차가 자연수 n인, 즉 소수 전개하면 소수 부분이 같은 서로 상반적인 두 개의 길이를 얻는다.

문제 10. 왜, 황금비의 거듭제곱을 그림 25의 작도로부터 얻을 수 있는가?

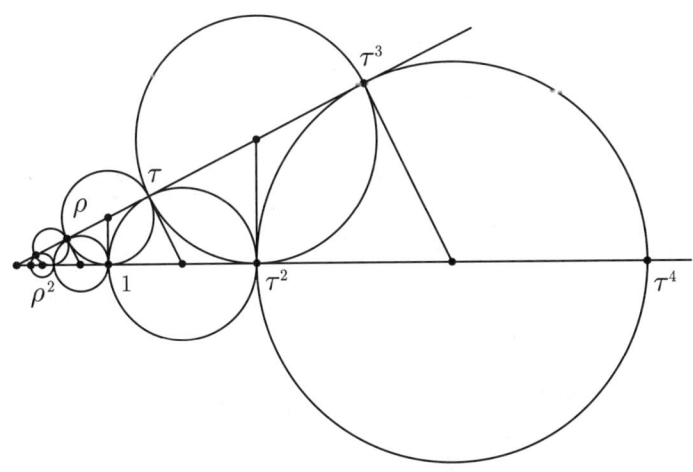

그림 25 황금비의 거듭제곱

3.1 황금비 작도

3.1.2 각의 이등분선을 이용한 작도

그림 26은 황금비의 또 다른 한 가지 작도법을 나타내고 있다. 빗변이 아닌 모서리가 $a=2$, $b=1$인 직각삼각형 ABC에서 각 α의 내각과 외각의 이등분선을 그린다. 이들이 직선 BC와 만나는 내부의 점을 A_{-1}, 외부의 점을 A_{+1}이라고 하자.

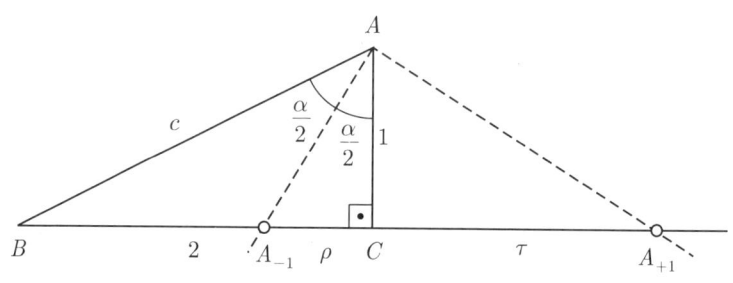

그림 26 각의 이등분선을 이용한 작도

A_{-1}은 BC를 모서리 b와 c의 비로 내분하므로 $\dfrac{|CA_{-1}|}{|BA_{-1}|} = \dfrac{1}{\sqrt{5}}$ 가 된다.

$|CA_{-1}| + |BA_{-1}| = 2$와 합치면, $|CA_{-1}| = \rho$가 된다. 같은 방법으로 직각삼각형의 높이에 관한 잘 알려진 정리를 사용하면, $|CA_{+1}| = \tau$라는 결론을 얻을 수 있다.

문제 11. 그림 27은 그림 26을 확장한 것이다. 왜 $|CA_k| = \tau^k$이 될까?

문제 12. 이등변삼각형이 모서리 길이가 2인 정사각형에 내접하고 있다(그림 28). 내접원의 반지름을 얼마인가?

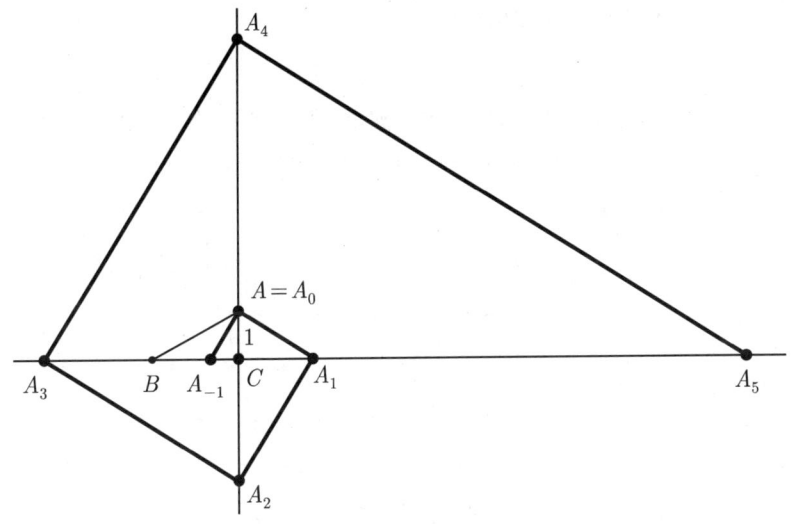

그림 27 황금나사선

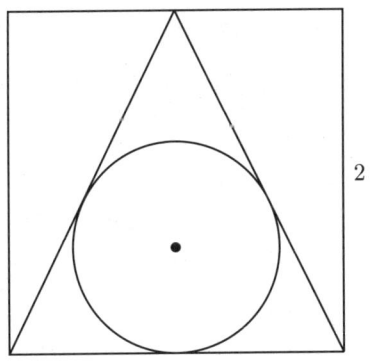

그림 28 내접원의 반지름은 얼마인가?

3.1.3 삼각격자의 작도

문제 13. 정상각형으로 만들어지는 격자(그림 29)에서 격자점 A와 C를 잇는 선분은 D를 중심으로 하고 반지름이 $|DE|$인 원과 만난다. 교점 B는 격자점은 아니고 세 점 A, B, C는 황금분할의 위치관

계에 있다. 왜 그럴까?

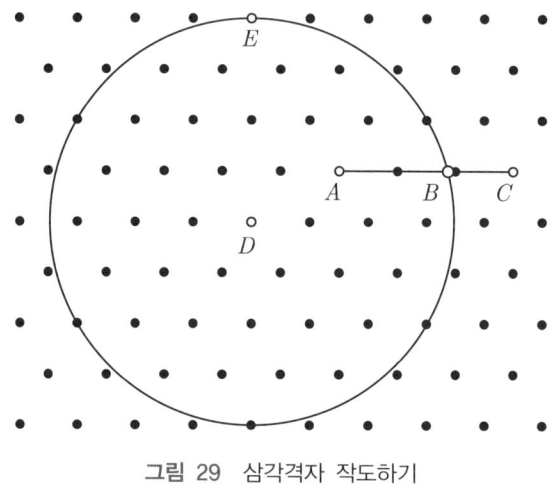

그림 29 삼각격자 작도하기

문제 14. 정삼각형을 모서리 길이가 같은 정사각형에 붙인다(그림 30). 그림 30b의 작도에서 황금분할을 얻을 수 있는 이유는 무엇인가?

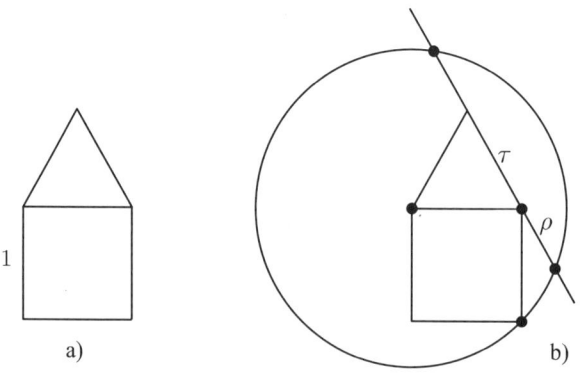

그림 30 정사각형과 삼각형을 사용한 작도

3.2 정오각형과 정십각형

정오각형(그림 31a)과 관련된 도형, 예를 들면 정오각형의 모서리를 연장해서 만드는 별 모양(펜타그램)(그림 31b)이나 정십각형(그림 31c)에는 황금비가 여러 곳에서 모습을 드러낸다. 열쇠가 되는 도형은 '예각 황금삼각형'이라고 부르는 꼭지각이 36°인 이등변삼각형이다.

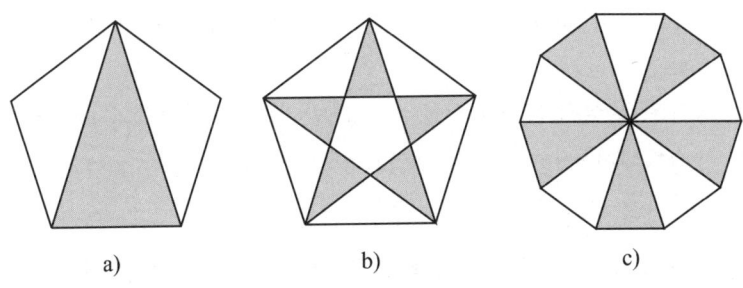

그림 31 꼭지각이 36°인 이등변삼각형

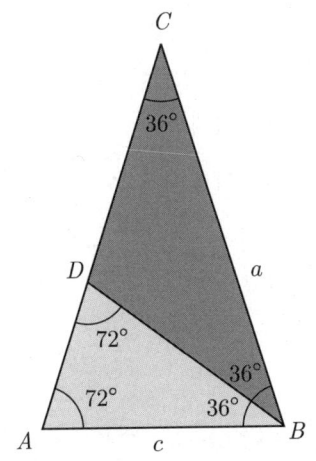

그림 32 예각 황금삼각형의 분할

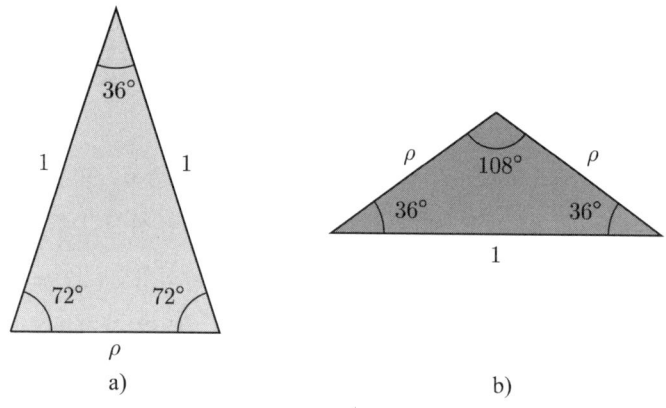

그림 33 예각 황금삼각형과 둔각 황금삼각형의 모서리의 비

이 예각 황금삼각형의 밑각은 72°(그림 32)이고, 밑각의 이등분선은 전체 삼각형에서 닮음 삼각형 DAB를 잘라낸다.

그러면 나머지 삼각형 BCD도 이등변삼각형이고, '둔각 황금삼각형'이라고 부르는, 예각 황금삼각형 ABC의 지지대의 모서리를 $a = 1$로 정규화하면, 삼각형 ABC와 DAB가 닮음이므로, 밑변 c에 대하여

$$\frac{c}{1} = \frac{1-c}{c}$$

라는 조건을 얻을 수 있고, 여기에서 $c = \rho$라는 결론이 나온다(그림 33a).

밑각이 36°인 둔각 황금삼각형에서는, 모서리의 비는 그림 33b와 같게 된다. 즉, 정오각형에서는 모서리와 대각선은 황금비 관계에 있다. 외접원의 반지름이 1인 정십각형(그림 34)에서는 모서리 AB의 길이는 ρ이고, 대각선 AD의 길이는 τ이다.

문제 15. 반지름 MB와 MC가 그림 34에서 정십각형의 대각선 AD를 나누는 비가 얼마인가?

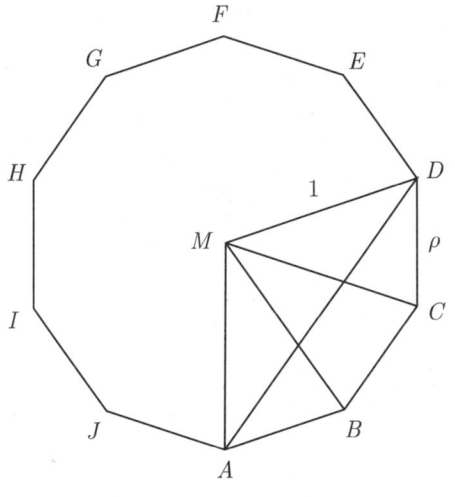

그림 34 정십각형의 대각선

문제 16. 그림 35의 세 가지 작도에 의해서 얻어지는 정오각형은 왜 같을까?

문제 17. 그림 36에 나타낸 정십각형의 작도법은 옳은가?

3.2.1 5중의 회전대칭성을 갖는 프랙털

이전의 순서에 대응하여 이번에는 72°의 가지 나누기를 갖는 정오각형을 기초로 하여 프랙털을 만들 수 있다. 그림 3, 37, 38, 39의 예에서는 겹치는 것도 겹치지 않는 것도 있다.

문제 18. 그림 3, 37, 38, 39에서 프랙털의 축소율은 얼마인가?

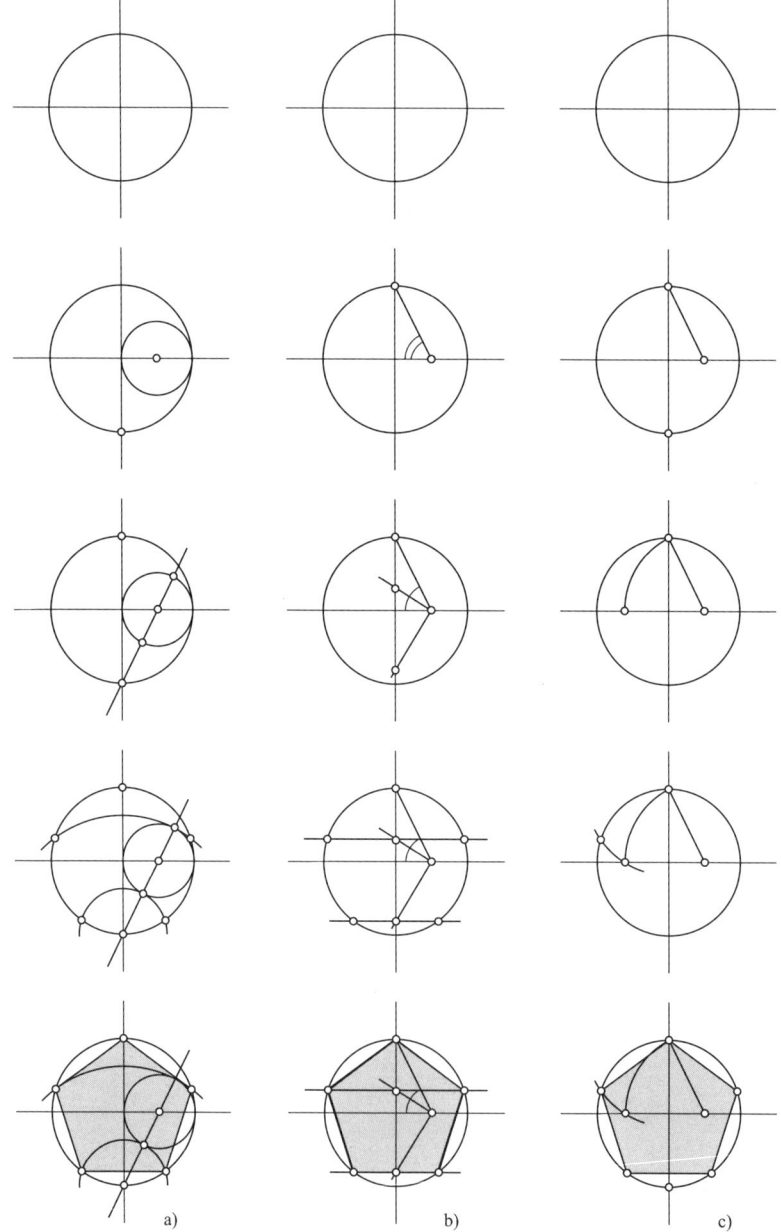

그림 35 정오각형의 세 가지 작도

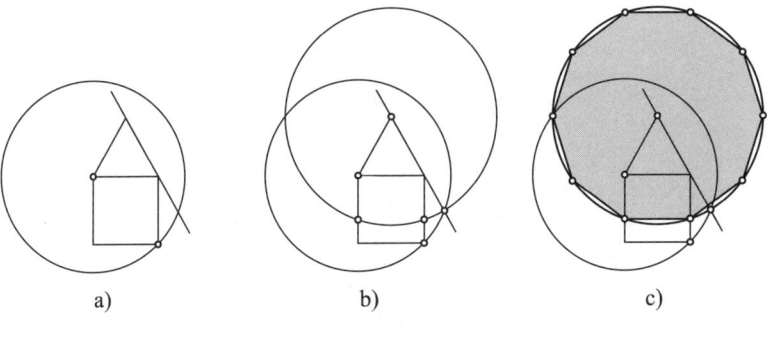

그림 36 정십각형의 작도

그림 37 오각형 프랙털

그림 38 70°의 분기를 갖는 프랙털

그림 39 겹쳐 있는 프랙털

3.3 황금직사각형

황금직사각형이란 모서리 길이 비가 황금비인 직사각형을 말한다.

문제 19. 그림 40의 황금직사각형 속에서 지그재그 길 $ABCD$의 각 부분끼리의 비는 얼마인가?

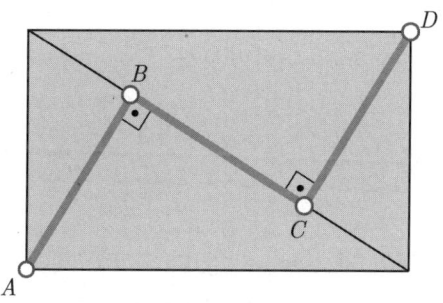

그림 40 황금직사각형 속의 지그재그 길

3.3.1 황금직사각형의 분할

우선, '직사각형에서 정사각형을 잘라 내고 생기는 나머지 직사각형이 원래의 직사각형과 닮았다'는 성질을 만족하는 직사각형을 찾는다 (그림 41a). 원래 직사각형의 모서리 길이를 가로 1, 세로 x라고 하자. 여기에서 모서리 길이가 x인 정사각형을 잘라 내면, 남은 직사각형의 모서리 길이는 x와 $1-x$이다. 원래의 직사각형과 남은 직사각형이 닮았다는 조건으로부터,

$$\frac{1}{x} = \frac{x}{1-x}$$

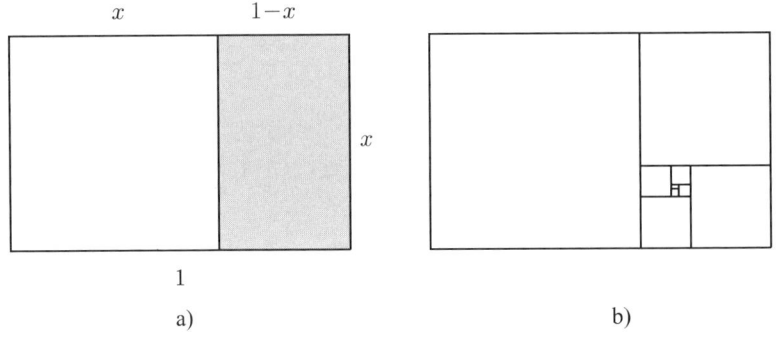

그림 41 황금직사각형

가 성립하고, 이것으로부터 이차방정식

$$1 - x = x^2$$

을 얻는다.

이 방정식에는 양의 해 $x = \rho$가 있다. 그러므로 구하려고 했던 직사각형은 황금직사각형이다. 나머지 직사각형도 마찬가지로 황금직사각형이므로 더욱이 정사각형을 잘라 내어 두 번째로 남은 직사각형도 황금직사각형이 되도록 할 수 있다. 이러한 해체 작업을 계속하면, 모서리가 공비가 ρ인 등비수열이 되는 정사각형 열을 얻을 수 있는데, 그것에 의해 원래의 직사각형은 모조리 떼어 없어져버린다(그림 41b).

모서리 길이가 1과 ρ인 황금직사각형이라면, 이 정사각형의 모서리 길이는 ρ, ρ^2, ρ^3, …이 된다. 정사각형의 넓이를 합하면 직사각형의 넓이이므로,

$$\rho = \rho^2 + \rho^4 + \rho^6 + \cdots$$

이라는 관계식을 얻을 수 있는데, 물론 이것을 직접 유도할 수도 있다.

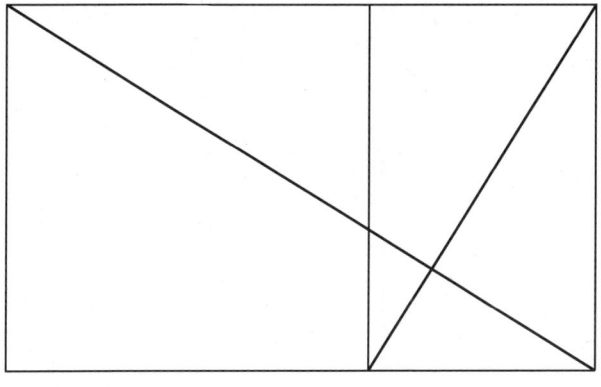

그림 42 분할의 출발점

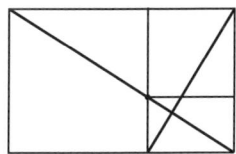 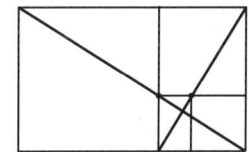 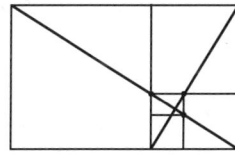

그림 43 대각선을 이용한 연속한 분할

문제 20. 그림 41b의 각 정사각형의 가운데 점은 어디에 있을까?

황금직사각형과 최초로 남은 직사각형의 대각선(그림 42)을 그은 다음, 그림 43에서 나타낸 것과 같이 분할을 해가는 것은 아주 단순한 작업이다([Hun], p.67 참조).

그림 44는 황금직사각형의 보다 작은 정사각형과 황금직사각형에 의한 프랙털적인 분할을 나타내고 있다.

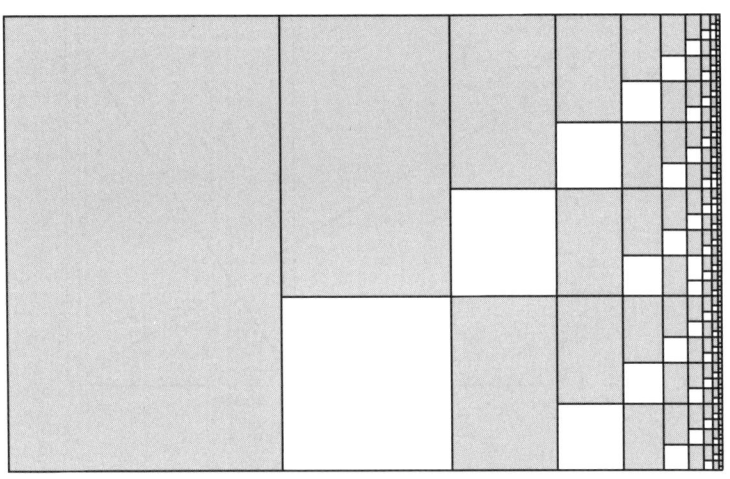

그림 44 황금직사각형의 프랙털 모조리 없애기

3.3.2 황금직사각형 속의 나사선

황금직사각형 분할의 각 정사각형에 적당히 4분의 1 원을 그리면(그림 45), 대수나사선과 아주 비슷한 곡선이 나타난다([Co2], p.204 참조). 그림 46의 프랙털은 이러한 황금나사선에서 만들어진다.

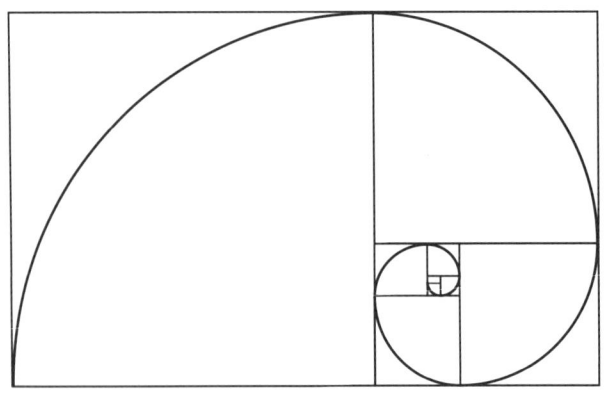

그림 45 황금직사각형 속의 나사선

그림 46 황금나사선을 갖는 프랙털

4분의 1 원을 나머지 호(4분의 3 원)로 바꾸면, 그림 47의 '큰 나사선'을 얻는다.

비슷한 나사선 모양의 도형이 황금직사각형 분할의 각 정사각형의 대각선을 그어도 나타난다(그림 48).

적당한 정사각형을 붙임으로써 나사선을 바깥쪽으로 무한히 퍼져나가는 것도 생각하면, 확대와 회전에 의하여 자기 자신에게 베껴지는 것과 같은 나사선을 얻을 수 있다. 확대와 회전의 중심은 Z(그림 49에 있는 두 대각선의 교점)이고, 확대율은 τ이며, 회전각은 $90°$이다.

확대와 회전 조작에 의하여 정사각형 $ABCD$는 정사각형 $A'B'C'D'$로 옮겨진다.

3.3 황금직사각형 47

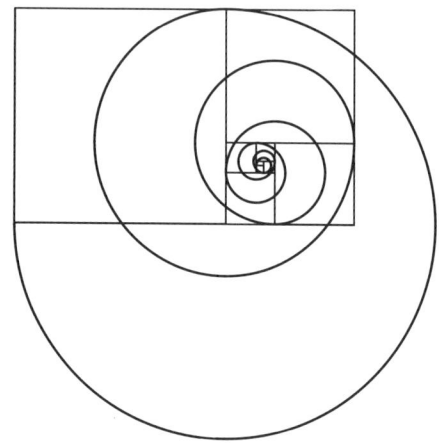

그림 47 황금직사각형의 큰 나사선

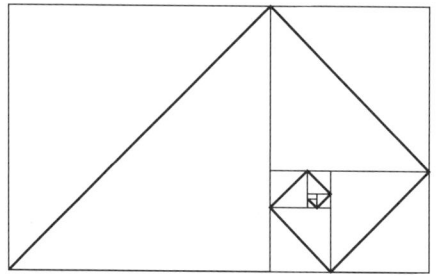

그림 48 황금직사각형의 반직선 모양의 나사선

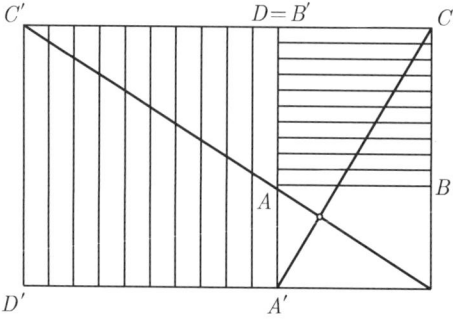

그림 49 황금직사각형을 펼쳐서 돌린다.

3.3.3 무리수의 존재

유클리드 호제법: 두 개의 자연수 a와 b의 최대공약수(gcd: greatest common divisor)는 아래와 같은 유클리드 호제법을 사용해서 계산할 수가 있다. a를 b로 나누어 b가 a 속에 몇 번이나 포함되어 있는지를 구하고, 나머지를 계산한다. 그리고 b를 그 나머지로 나누어 새로운 나머지를 만든다. 그 다음에도 앞의 나머지를 새로운 나머지로 나누어 나눗셈이 '의미를 가지는', 즉 나머지가 없어질 때까지 반복한다. 0이 아닌 마지막의 나머지가 a와 b의 gcd이다. a와 b의 모든 공약수는 또한 gcd의 약수이다(b를 0번째 나머지로 생각한다). 예를 들면, $a = 42$, $b = 15$라면, 순서대로

$$42 = 2 \cdot \underline{(15)} + 12$$
$$15 = 1 \cdot \underline{(12)} + 3$$
$$12 = 4 \cdot \underline{(3)} + 0$$

을 얻는다. 따라서 $\gcd(42, 15) = 3$이다.

유클리드 호제법의 기하학적인 표현: 모서리 길이가 a와 $b(a \geq b)$인 직사각형에서 모서리 길이가 b인 정사각형을 잘라 낸다. 이런 과정을 가능한 한 계속한다. 그러면 직사각형이 남기 때문에 여기에서 다시 정사각형을 잘라 낸다. 이런 작업을 정사각형으로의 분할이 가능할 때까지, 즉 직사각형의 나머지가 나오지 않을 때까지 계속한다. 그런 과정 속에서 가장 작은 정사각형의 모서리 길이가 a와 b의 gcd이다. 그림 50은, $a = 42$, $b = 15$에 대한 작업의 순서를 나타낸 것이다.

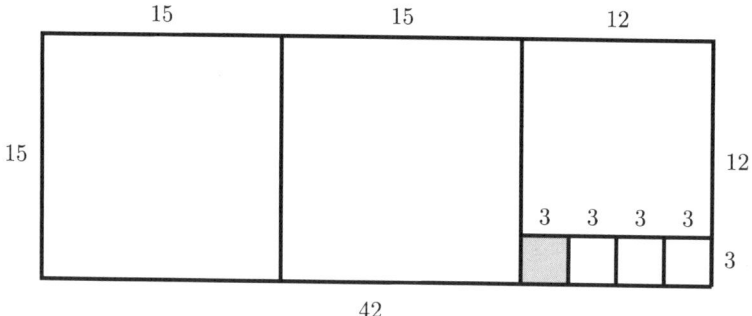

그림 50 $a=42$, $b=15$에 대한 유클리드 호제법의 기하학적 표현

가장 작은 정사각형의 모서리 길이가 원래의 직사각형의 모서리 길이 a와 b의 공통의 척도(실제로 최대의 공통척도이다)이므로 직사각형 전체는 이 길이의 모서리의 정사각형으로 나눌 수가 있다(그림 51).

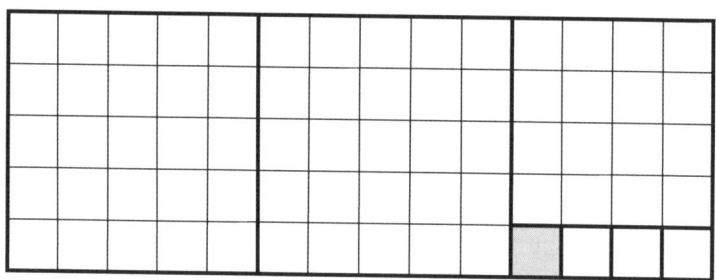

그림 51 정사각형 분할

자, 두 개의 길이 a와 b가 공통의 척도 g를 가지면, $a=mg$, $b=ng$ $(m, n \in N)$로 나타낼 수 있고, 비 $b:a$는 두 개의 정수의 비 $n:m$, 즉 유리수 $\dfrac{n}{m}$으로 나타낼 수 있다. 이때 a와 b는 약분할 수 있다고 한다.

황금직사각형에 적용: 모서리 길이가 $a=1$, $b=\rho$인 황금직사각형에 유클리드 호제법을 적용하면, 이 절차는 절대로 끝나지 않는다. 다시 말하면, 정사각형을 잘라낸 다음에는 항상 원래의 직사각형과 닮은 직사각형이 남기 때문이다. 그래서 모서리 길이 $a=1$, $b=\rho$에는 공통의 척도가 없고, 비 $\rho:1=\rho$는 정수비로 주어지지 않으므로 ρ는 무리수가 된다. 역사적으로는 약분 불가능성에 대한 최초의 증명은 기원전 5세기 경 메타폰티온의 피타고라스의 제자인 히파소스(Hippasos)에 의하여 수 ρ에 대하여 행해졌다고 추측되고 있다. 물론 다른 기하학적인 고찰에 의한 것이었지만([Tro], p.132 참조).

오류의 추론: 유클리드 호제법의 기하학적인 작업을 정사각형 대신에 $3:2$의 모서리를 갖는 직사각형을 잘라낸다는 식으로 바꿔본다. 그래서 이들 직사각형은 여섯 개의 정사각형을 합친 것으로 생각한다(그림 52).

만일 이 순시가 끝났다고 하면 원래의 직사각형은 정사각형으로 분할되지만, 그러기 위해서는 마지막 직사각형을 더욱 분할하지 않으면 안

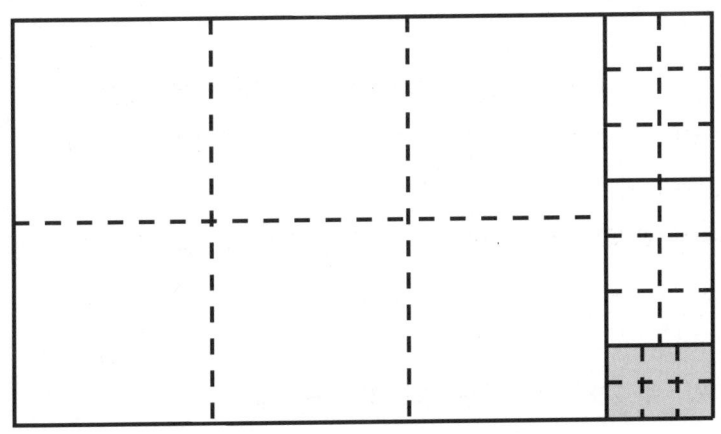

그림 52 $3:2$의 모서리를 갖는 직사각형을 잘라낸다.

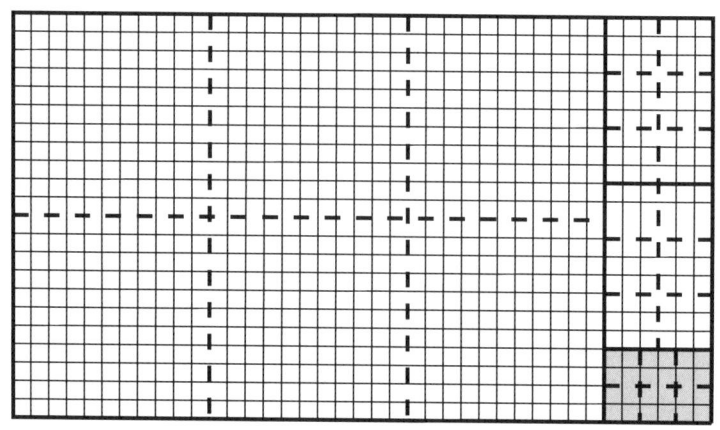

그림 53 정사각형으로 분할

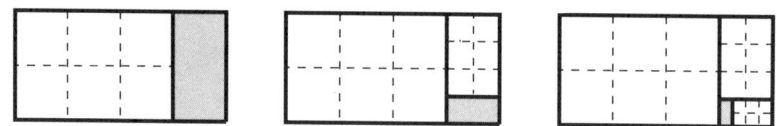

그림 54 2:1의 모서리를 갖는 직사각형에 적용

된다(그림 53). 따라서 원래의 직사각형의 두 모서리 a와 b의 공통 척도가 얻어진다.

이 순서를 비가 2:1인 모서리를 갖는 직사각형에 적용하면, 언제까지나 끝나지 않게 된다. 왜냐하면 나머지 직사각형의 모서리도 다시 비가 2:1이 되기 때문이다(그림 54).

이렇게 해서는 길이 2와 1에 대한 공통의 척도를 얻는 것은 불가능하다.

문제 21. 수 2가 무리수라는 것을 의미하는가?

3.3.4 황금직사각형의 일반화

다음에 조사하는 직사각형은 $n(n \in \mathbb{N})$개의 정사각형을 제거한 경우에 원래의 직사각형과 닮은 직사각형이 남는다는 것이다($n=4$의 경우는 그림 55).

원래의 직사각형의 모서리에서 긴 것이 1이고, 짧은 것이 x라 하자. 나머지 직사각형과의 닮음으로부터 x에 대한

$$\frac{1}{x} = \frac{x}{1-nx}$$

라는 조건을 얻고, 그러므로

$$x^2 + nx - 1 = 0$$

가 성립한다. 양의 해

$$x = \frac{-n + \sqrt{n^2+4}}{2}$$

는 이미(그림 24와 관련) 나와 있다. 바로 이 수가 역수와의 차가 n인 수였다.

여기에서 얘기한 직사각형에 유클리드 호제법을 적용하면 황금직사각형의 경우에 사용한 것과 비슷한 이론에서,

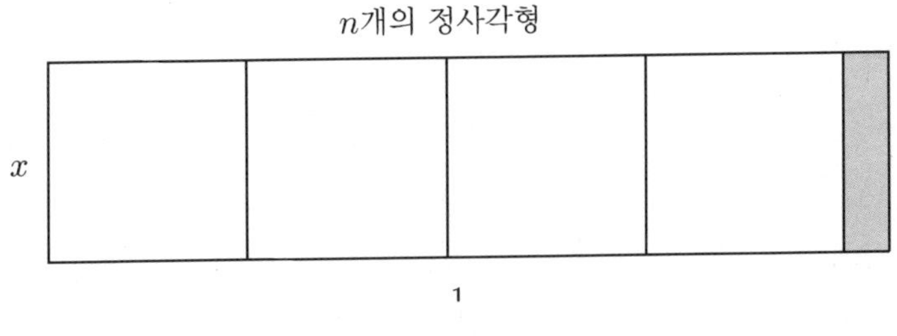

그림 55 n개의 정사각형, 나머지 직사각형은 원래의 직사각형과 닮음이다

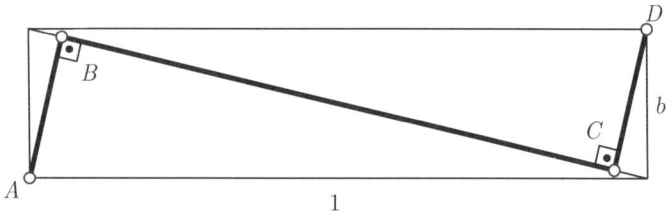

그림 56 선분 BC는 선분 AB의 n배

$$x = \frac{-n + \sqrt{n^2+4}}{2}, \quad n \in \mathbb{N}$$

이라는 모양의 수가 무리수라는 결론을 얻는다.

이 수는 여러 가지 기하학의 얘기 속에서 나타난다. 예를 들면, 모서리 길이가 1과 $b(<1)$인 직사각형에서 그림 56의 선분 BC가 선분 AB의 n배인 경우를 생각한다. 그림 56에서 모든 직각삼각형이 닮았으므로,

$$\frac{b}{1} = \frac{AB}{BC + \frac{b}{1}CD}$$

라는 식을 얻는다. $CD = AB$, $BC = nAB$라는 조건으로부터

$$b = \frac{1}{n+b}$$

를, 즉

$$b^2 + nb - 1 = 0$$

를 얻을 수 있어서 결국 $b = x$가 된다.

여기에서 $n = 2$의 경우, 결국 모서리 길이가 1과 $\sqrt{2}-1$인 직사각형을 보다 상세하게 조사해보자. 이 직사각형은 DIN A4 용지 한 장에서

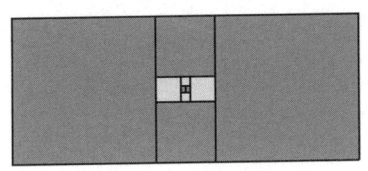
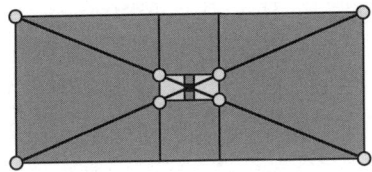

그림 57 대칭인 분할

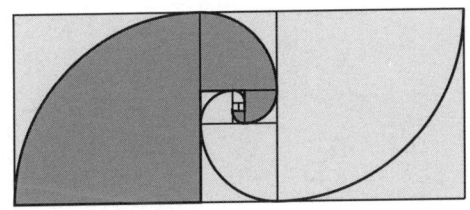

그림 58 이중 나사선

정사각형을 잘라내면 얻어진다. 그렇다는 것은 DIN A4 용지의 모서리는 $\sqrt{2}:1$의 비율이라는 것이다.

이 직사각형은 대칭적으로 정사각형으로 분할할 수가 있다. 대각선을 그으면 이 분할을 하는데 도움이 된다(그림 57).

이 분할을 이용하면 두 개의 점대칭인 나사선에서 각각 4분의 1원이 되고, 서로가 다른 것의 안쪽으로 말려 들어가는 모습을 그릴 수 있다 (그림 58).

3.4 황금다각형

이 절에서는 아주 간단하게 적당한 도형을 잘라 냈을 때, 원래의 도형과 닮은 도형이 남는 도형이 다른 것도 있는지 없는지를 찾아보기로 한다.

3.4.1 황금평행사변형

모서리 길이 비가 황금비이고, 예각이 60°인 황금평행사변형이 주어질 때, 두 개의 정삼각형을 잘라 내고 남은 도형이 다시 황금평행사변형이 되도록 할 수 있다. 황금직사각형과 마찬가지로 황금평행사변형도 정삼각형으로 분할할 수가 있고, 그것을 사용하여 나사선을 만들 수가 있다(그림 59).

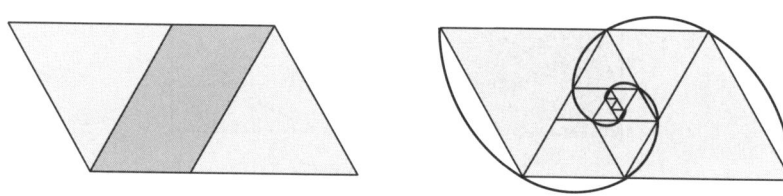

그림 59 황금평행사변형에서의 분할과 나사선

문제 22. 그림 60은 황금평행사변형의 일반화를 나타낸 것이다. 여기에서도 나사선을 그려 넣을 수 있는가?

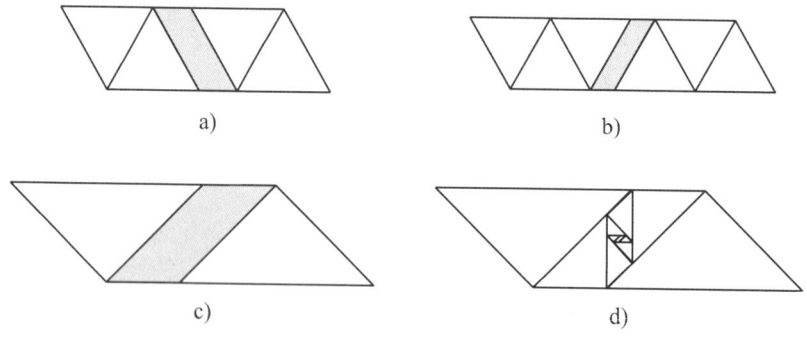

그림 60 황금평행사변형에서의 변화 형태

평행사변형의 모서리의 중점을 이으면, 다시 평행사변형을 얻을 수 있다. 이 평행사변형이 원래의 것과 닮음이 되는 것은 어떤 경우일까?

답은 [Sch]와 [Wa3]에 있다.

3.4.2 황금삼각형

3.2절(그림 32와 33)에는, 각각 밑각이 72°와 36°인 예각과 둔각의 황금삼각형이 나온다.

예각 황금삼각형에서 둔각 황금삼각형을 잘라내면 둔각 황금삼각형이 남는다. 이것으로부터 예각 황금삼각형의 둔각 황금삼각형에 의한 분할을 얻는다. 이 분할로부터도 원호를 포함한 나사선을 줄 수 있다(그림 61). 역으로 둔각 황금삼각형은 예각 황금삼각형으로 분할할 수 있다(그림 62).

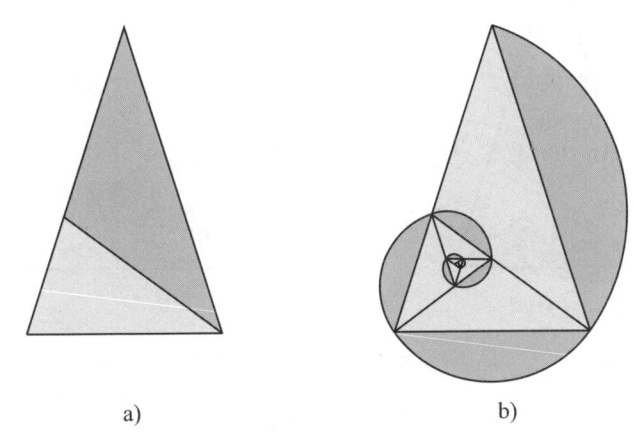

a)　　　　　　　　　　b)

그림 61　예각 황금삼각형의 분할

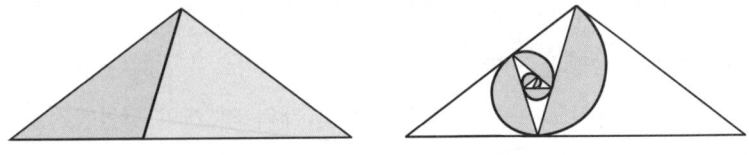

그림 62　둔각 황금삼각형의 분할

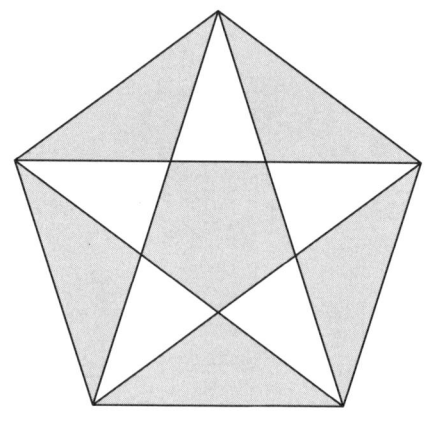

그림 63 대각선에 의한 분할

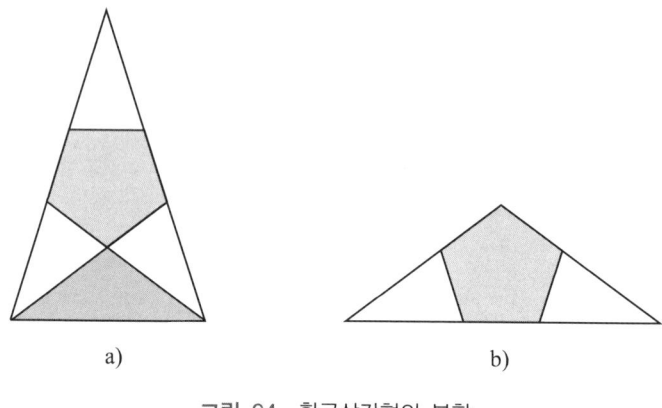

그림 64 황금삼각형의 분할

어느 경우든 남은 삼각형과 원래의 삼각형은 닮았고, 이때 닮음비는 ρ이다.

정오각형의 대각선은 이 정오각형을 한 개의 작은 정오각형과 다섯 개의 예각 황금삼각형과 다섯 개의 둔각 황금삼각형으로 분할한다(그림 63).

황금삼각형 자신도 또다시 정오각형 한 개와 몇 개의 황금삼각형으로 분할할 수가 있다(그림 64).

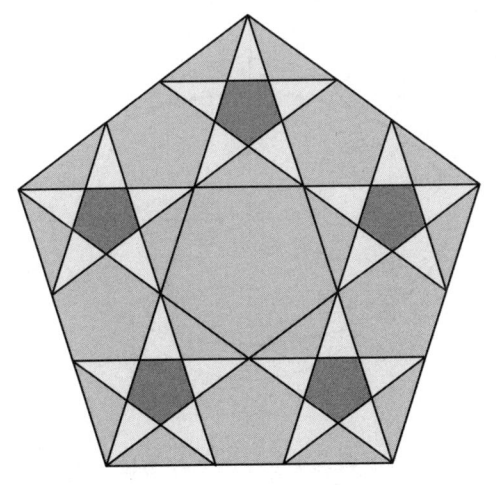

그림 65 오각형의 분할

따라서 그림 63의 오각형을 더욱 한 단계씩 분할해 가면, 점점 작아지는 오각형에 의해 원래의 오각형을 분할할 수가 있다. 그림 65는 이 과정의 다음 단계를 나타내는 것이다. 이 분함은 그림 3의 프랙털과 관계하고 있다.

3.5 황금타원

이 절에서는 두 개의 축의 비가 황금비 또는 황금비의 제곱인 타원을 생각한다.

3.5.1 원과의 넓이 비교

반축의 길이가 a와 b인 타원으로 둘러싸인 영역과, 타원의 초점 F_1

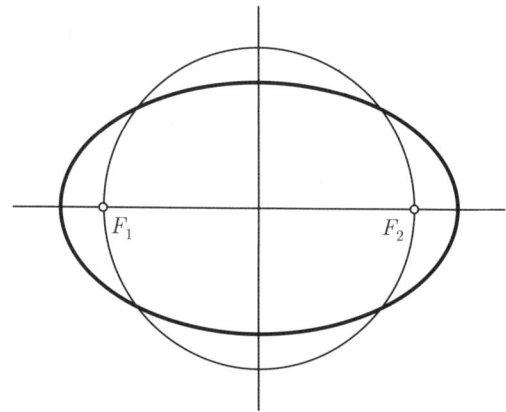

그림 66 타원과 원은 넓이가 같을 만하다

과 F_2를 지나는 탈레스 원의 영역의 넓이를 비교한다(그림 66). 축의 비 $\frac{b}{a}$가 얼마일 때 두 넓이가 같게 될까?

타원의 넓이는 $ab\pi$이고, 초점 사이의 거리의 반은 $\sqrt{a^2 - b^2}$이다. 이것이 탈레스* 원의 반지름이므로 넓이는 $(a^2 - b^2)\pi$이다. 두 넓이가 같다고 두면,

$$a^2 - b^2 = ab$$

가 되고, 이것을 a^2으로 나누면

$$\left(\frac{b}{a}\right)^2 + \frac{b}{a} - 1 = 0$$

이 된다. 이렇게 해서 결국 $\frac{b}{a} = \rho$가 된다. 이 타원의 반축의 비는 황금

---

* 탈레스(Thales, 624? ~ 546? B.C.). 탈레스 원과 관련하여, 그는 "삼각형의 세 꼭짓점이 원 위에 있고, 세 모서리 중 한 모서리가 원의 지름이면 그 삼각형은 직각삼각형이다"는 사실을 증명했는데, 지금으로 보면 그리 높은 수준은 아니었지만, 그 시대에 논리적 추론에 의하여 이 명제를 증명할 수 있었다는 것은 아주 큰 의미가 있다.
탈레스의 원 참고: http://en.wikipedia.org/wiki/Thales' theorem

비 관계에 있다.

3.5.2 카세트테이프의 기하학

다음에 나오는 예는 독일 취리히 대학의 페델 가린에게 배운 것이다. 움직이고 있는 카세트에서 감는 릴의 반지름 q는 증가하고, 풀리는 릴의 반지름 p는 점점 줄어든다. 두 개의 릴 사이의 거리 $x(p)$는 어떻게 변화할까?(그림 67)

되감기 시작할 때는 $p = R$(외부 반지름)과 $q = r$(내부 반지름)이라고 하자. 테이프가 움직일 때, 두 개의 릴 위에 원 모양 영역의 넓이의 합은 일정하다는 '테이프 불변의 법칙'이 성립한다.

이렇게 해서

$$\pi(R^2 - r^2) = \pi(q^2 - r^2) + \pi(p^2 - r^2)$$

이 성립한다. 이 식으로부터

$$R^2 + r^2 = p^2 + q^2$$

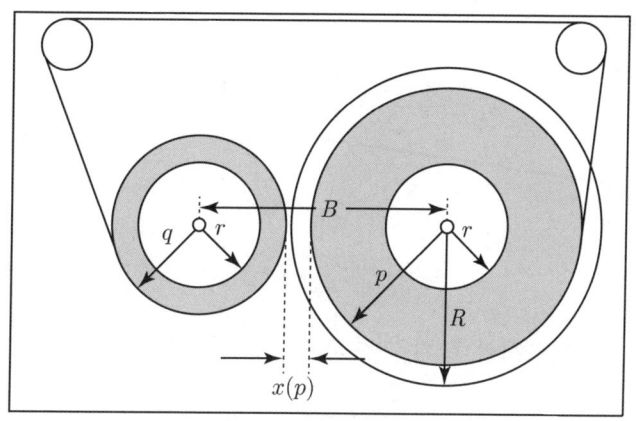

그림 67 카세트테이프

3.5 황금타원

인데, 그러므로

$$q(p) = \sqrt{R^2 + r^2 - p^2}$$

을 얻는다.

두 개의 릴 사이의 거리 $x(p)$는

$$x(p) = B - p - \sqrt{R^2 + r^2 - p^2}$$

이 된다. $x' = x - B$를 대입하면,

$$(x' + p)^2 = R^2 + r^2 - p^2$$
$$2p^2 + 2x'p + x'^2 = R^2 + r^2$$

을 얻는다.

이렇게 해서, 데카르트 좌표계 (p, x')에서는 함수 $x'(p)$의 그래프가 타원이 된다. 대응하는 이차형식의 행렬

$$\begin{pmatrix} 2 & 1 \\ 1 & 1 \end{pmatrix}$$

의 고유값은

$$\lambda_1 = \frac{3 + \sqrt{5}}{2}, \quad \lambda_2 = \frac{3 - \sqrt{5}}{2}$$

즉,

$$\lambda_1 = \tau^2, \ \lambda_2 = \rho^2$$

이 된다. 이렇게 해서 타원의 주축은

$$a = \frac{1}{\rho}\sqrt{R^2 + r^2} = \tau\sqrt{R^2 + r^2}$$

$$b = \frac{1}{\tau}\sqrt{R^2+r^2} = \rho\sqrt{R^2+r^2}$$

이 된다.

축의 비는 $\dfrac{b}{a} = \dfrac{\rho}{\tau} = \rho^2$이다. 장축의 방향 ϕ_1에 대해서는

$$\tan\phi_1 = -\tau$$

가 되고, 단축의 방향 ϕ_2에 대해서는

$$\tan\phi_2 = \rho$$

가 된다.

그림 68은 $B=4$, $R=2.5$, $r=1$인 경우의 그림이다.

그림 68의 타원은 그림 69에서와 같이 원을 비스듬히 해서 아주 간단히 얻을 수가 있다.

데이비드 리츠(David Rytz, 1801~1868)의 방법*을 따라서 그림 69에 주어진 켤레인 지름의 짝으로부터 타원의 주축을 작도할 수 있다. 이것도 다시 황금비의 작도법이다.

---

* 원을 아핀변환하면 타원이 된다. 예를 들면, 공중에 있는 원을 비스듬하게 불빛을 비추면 아래에 타원 모양이 생긴다. 원에 서로 직교하는 두 개의 지름을 만들어 그들의 아핀변환된 상인 두 개의 선분을 그 타원의 켤레지름이라고 한다. 그림 69의 오른쪽에서 굵은 선분들이다. 여기에서 타원의 주축의 길이와 방향을 자와 컴퍼스만으로 작도할 수가 있는데 그 작도법 중 하나가 리츠의 방법이다. 상세한 것은 참고로 위키피디아에서 "Rytz's Construction"를 보면 문제설정, 켤레지름, 작도, 알고리즘, 참고문헌 등을 상세하게 접할 수 있다.

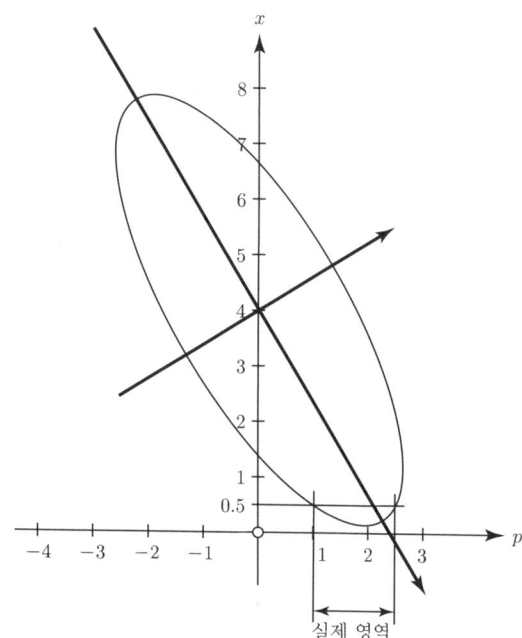

그림 68 실제 영역 $B=4$, $R=2.5$, $r=1$

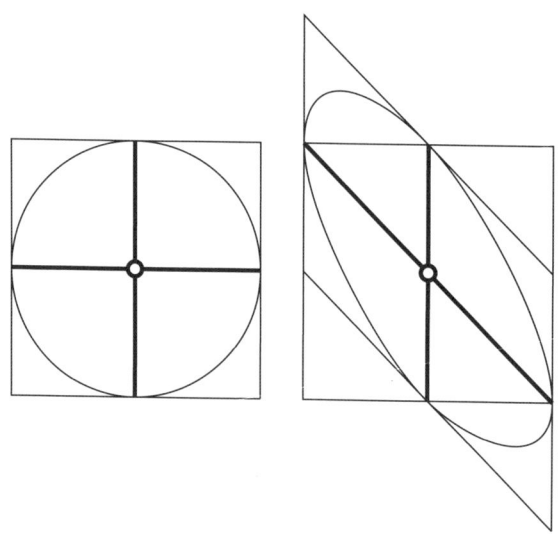

그림 69 원을 비스듬히 하다

3.5.3 정사각형 격자 속의 타원

문제 23. 정사각형 격자(그림 70)에서, 격자점 F_1과 F_2를 초점으로 하고, 격자점 B를 지나는 타원을 그린다. 장축위의 꼭짓점 A는 격자점이 아니다. 그때, 점 F_2는 선분 F_1A를 황금비로 내분한다. 왜 그럴까?

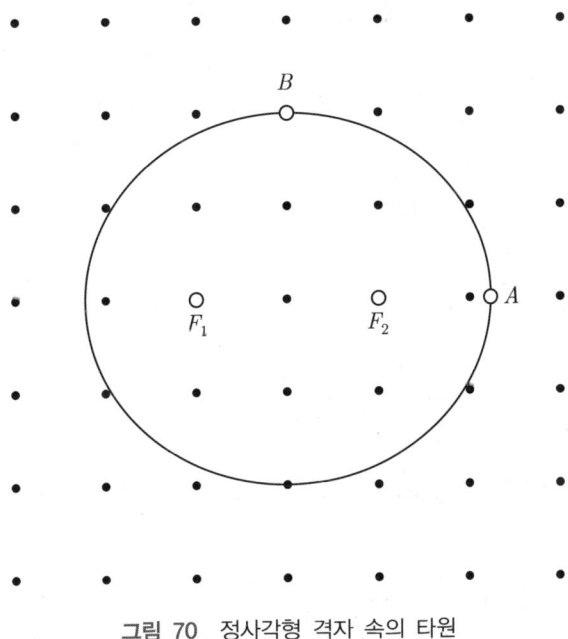

그림 70 정사각형 격자 속의 타원

3.6 황금삼각법

황금삼각형(그림 71)에서 알 수 있는 모서리의 비로부터, 아래의 관계를 얻을 수 있다.

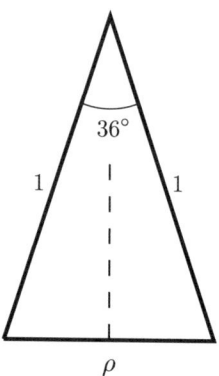

그림 71 둔각 황금삼각형에서의 삼각법

$$\sin 18° = \frac{\rho}{2} = \frac{\tau-1}{2}$$

$$\cos 18° = \sqrt{1 - \frac{\rho^2}{4}} = \frac{\sqrt{2+\tau}}{2}$$

$$\tan 18° = \frac{\tau-1}{\sqrt{2+\tau}}$$

여기에서 가법정리를 사용하면, 아래의 값을 얻을 수 있다.

θ	sin	cos	tan
18°	$\dfrac{\tau-1}{2}$	$\dfrac{\sqrt{2+\tau}}{2}$	$\dfrac{\tau-1}{\sqrt{2+\tau}}$
36°	$\dfrac{\sqrt{3-\tau}}{2}$	$\dfrac{\tau}{2}$	$\dfrac{\sqrt{3-\tau}}{\tau}$
54°	$\dfrac{\tau}{2}$	$\dfrac{\sqrt{3-\tau}}{2}$	$\dfrac{\tau}{\sqrt{3-\tau}}$
72°	$\dfrac{\sqrt{2+\tau}}{2}$	$\dfrac{\tau-1}{2}$	$\dfrac{\sqrt{2+\tau}}{\tau-1}$

이 주제에 대하여 몇 가지 예와 문제를 제시한다.

(1) $\dfrac{\sin 66° - \sin 6°}{\cos 60°} = \tau.$

(2) $\dfrac{\sin 78° - \sin 42°}{\sin 30°} = \rho.$

(3) 그림 26의 작도에서 아래의 값을 얻는다.

$$\tan\left(\frac{1}{2}\arctan 2\right) = \rho$$

$$\tan\left(90° - \frac{1}{2}\arctan 2\right) = \tau$$

(4) 곡선이 극좌표로

$$r = \frac{\sin 2\phi - 2\cos 2\phi}{\sin\phi},\ 0 < \phi < 2\pi$$

로 주어진다고 하자. 원점은 이 곡선의 2중점이다. 이 점에서 곡선의 접선의 기울기를 구하여라.

(5) M을 중심, 1을 반지름으로 하는 원에서 현 AB는 AM과 각 α를 이루고 있다. 현 AB의 중점 C를 지나고, AM에 평행한 직선이 현 AB와 점 S에서 만나며, 원과 D에서 만난다. 이때, 다음을 구하여라.

(a) S가 현 AB의 내점이 되도록 하는 α의 하계(lower bound)

(b) S가 현 CD의 중점일 때 각 α

CHAPTER

4

접기도 하고
자르기도 하고

GOLDEN SECTION

이 장에서는 종이 띠를 엮거나 잇거나 하며, 또한 정사각형 종이를 접기도 하면서 황금분할에 관한 도형을 만드는 방법을 얘기한다.

4.1 종이띠로 정오각형을 접는다

그러기 위한 순서의 기본적인 아이디어는 폭이 2 cm 정도의 종이띠에 그림 72a의 설계에 따라 간단한 종이 매듭을 만드는 것이다. 그림 72b에 있는 것은 느슨하며 가늘고 긴 종이의 매듭이다.

이 매듭을 주의 깊게 조여보면, 두 개의 꼬리가 붙은 정오각형을 얻는다(그림 73a). 만일 투명한 종이를 사용하고, 한쪽의 꼬리를 뒤로 접어서 구부리면 오각형의 내부에 다섯 개의 끝을 가진 깔끔한 별모양,

a)

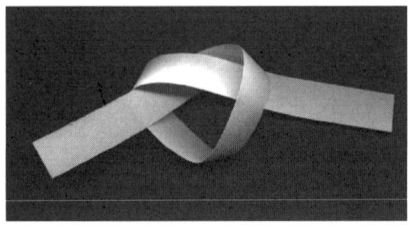

b)

그림 72 종이 매듭

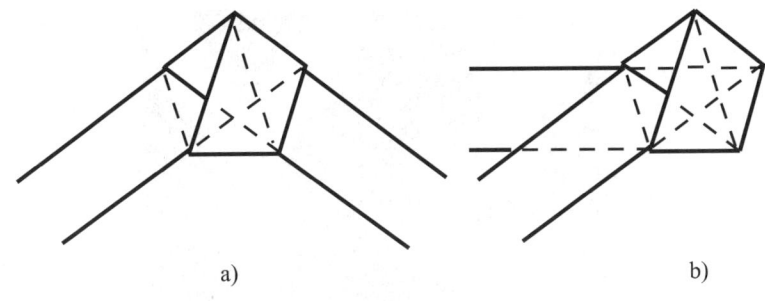

그림 73 오각형과 펜타그램

즉 펜타그램(pentagram)이 나타난다. 종이 띠에서 정오각형을 만드는 방법에 대해서는 [H/P]를 참조하면 좋다.

문제와 변화 형태

문제 24. 등변사다리꼴에서 윗변의 길이가 빗변의 길이와 같고, 밑변의 길이가 대각선의 길이와 같은 것이 있다(그림 73a와 73b의 제일 위에 있는 사다리꼴에서 보는 것처럼). 이 사다리꼴의 윗변과 밑변의 길이의 비는 얼마일까?

문제 25. 색을 바꾼, 폭이 같은 가늘고 긴 두 장의 종이 띠에서 진짜 사마리아 매듭(그림 74a)과 가짜 사마리아 매듭(그림 74b)을 만들 수 있다. 외관상 차이점은 무엇인가?

문제 26. 이중 매듭(그림 74c)에서 어떤 도형이 가능할까?

a)

b)

c)

그림 74 매듭의 변화 형태

4.2 종이접기

종이접기란 어느 나라에서나 전통적으로 종이를 접는 예술을 말한다. 정사각형 종이 한 장으로 접기도 하고, 때로는 칼집을 내어, 여러 가지 꽃이나 동물 또는 기하학적인 도형을 만들어내는 것이다. 종이접기 입문서로는 크나이슬러(I. Kneissler)의 책 [Kn1]과 [Kn2]가 있다. 평면이나 공간상의 도형을 만드는 것은 [CRD], pp. 113-176에서 취급하고 있으며, 스케치 방법도 들어 있다. 거기에서 사용되고 있는 기호를 이후의 절에서도 쓰기로 한다. 차타니(茶谷正洋)의 책 [Ch1], [Ch2]에서는 접는 것보다 칼집을 내는 쪽이 큰 역할을 하고 있다.

이하에서는 정사각형 종이에서 접어 가는 구성법을 얘기한다. 만일 정사각형 종이를 구하기 위해 보통 사용하는 DIN A4 용지를 쓴다면, 이 용지에서 정사각형을 잘라내면 모서리의 비가 $\frac{1}{\sqrt{2}-1}$ 인 직사각형이 남는데, 이것은 황금직사각형의 일반화가 되어 있다(그림 56과 57 사이의 이론 참고).

4.2.1 황금직사각형

그림 75는 황금직사각형을 만들기 위한 접는 방법을 단계적으로 설명한 것이다.

그림 75의 접는 방법 설명: (1) 중심선 EF, (2) 대각선 AF, (3) 각 BAF의 이등분, (4) G 높이에서의 접어 구부리기, (5) 황금직사각형 $ABGH$.

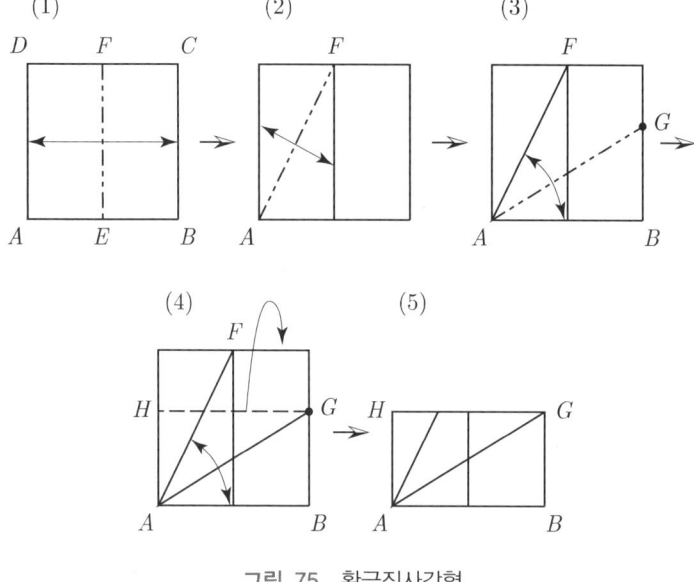

그림 75 황금직사각형

도움이 되는 기술상의 주의: 그림 75의 제2단계에서는 직사각형의 대각선을 접을 필요가 있다. 여기에는 그림 76의 보조적인 작도로 하는 것이 가장 간단할 것이다.

그림 76의 접는 방법 설명: (1) 꼭짓점 A를 꼭짓점 F에 겹치도록 선

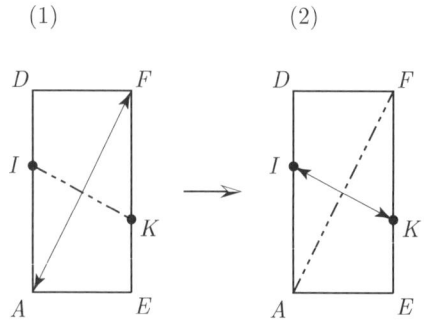

그림 76 직사각형의 대각선을 접는다.

분 AF의 수직이등분선을 구해 접은 자국을 붙이고, (2) 꼭짓점 I를 꼭짓점 K에 겹쳐서 IK의 수직이등분선을 접는다.

문제 27. 그림 75의 접는 방법의 기본이 되어 있는 것은 황금분할의 어떤 기하학적인 작도인가?

4.2.2 5중의 대칭성

가위로 부채 모양의 종이를 자르는 일반적인 방법은, 두 번 접어서 얻어지는 직각을 기초로 한다. 더욱이 점점 더 접어 가면, 45°, 22.5°, 11.25°등의 각을 얻을 수 있고, 4중, 8중, 16중 등의 대칭성을 가지는 종이 자르기 도형을 얻을 수 있다. 5중의 종이 자르기 도형(그림 77)을 얻으려면, 꼭짓점이 36°인 부채 모양으로 종이를 접어야 한다.

그림 77 5중의 대칭성을 갖는 종이 자르기 도형

그림 78은 정사각형 종이에서 36°의 각을 만들기 위해 접는 방법을 보여주고 있다. 그러나 접는 방법은 아주 미묘해서, 실제로 접어 보면 깔끔하게 되지 않을 때가 많다.

그림 78의 접는 방법 설명: (1) 중심선 LN, (2) 중심선 EF, (3) 중심선 OP, (4) 대각선 LP를 접어, (5) 각 NLP를 이등분하여, 중심선 EF와의 교점을 Q라 하고, (6)과 (7) 정사각형의 오른쪽 반을 되접어

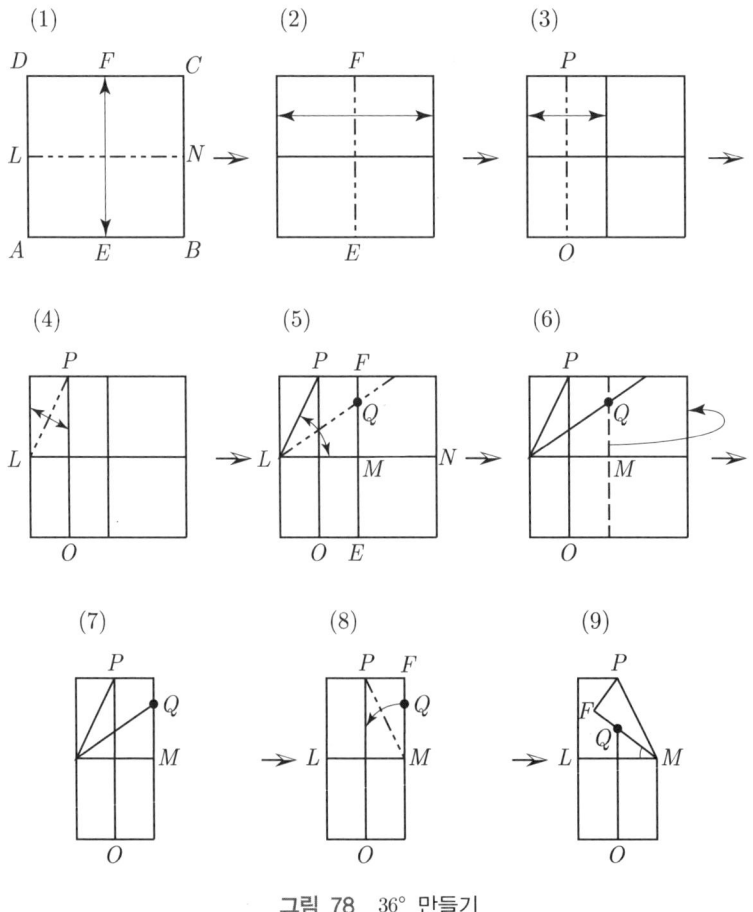

그림 78 36° 만들기

반대로 꺾어, (8) 점 Q를 중심선 OP위를 움직여 가면서, 접힌 곳이 M을 지나도록 하면, (9) 각 FML은 36°가 된다.

이번에는 이 각 FML을 사용하면, 종이 한 장을 36°의 꼭지각을 갖는 부채 모양으로 접을 수가 있다.

문제 28. 그림 78에 있는 접는 방법 단계 (8)에 대응하는 것은 초등기하학에서 어떤 작도인가?

문제 29. 꼭지각이 36°인 부채 모양에서, 접거나 자르는 것만으로 정오각형을 만드는 데는, 어떻게 하면 좋을까?

문제 30. 각도기를 사용하지 않고, 어떻게 하면 3중이나 6중의 종이 자르기를 할 수 있을까?

4.3 오각형

그림 79는 직사각형 종이 한 장에 정오각형은 아니지만 대칭인 오각형 접는 순서를 설명하고 있다. 이 작도의 아이디어는 스위스의 루에디 굴이라는 저자의 제자가 가르쳐 준 것이다.

그림 79의 접는 방법 설명: (1) 대각선 AC를 접고, (2) A를 C 위에 오게 하여, (3) 모서리 FB를 A를 지나는 중심선 위에 겹쳐서, (4) 모서리 DE도 A를 지나는 같은 중심선 위에 겹치게 하면, (5) 오각형 $PQARS$가 만들어진다.

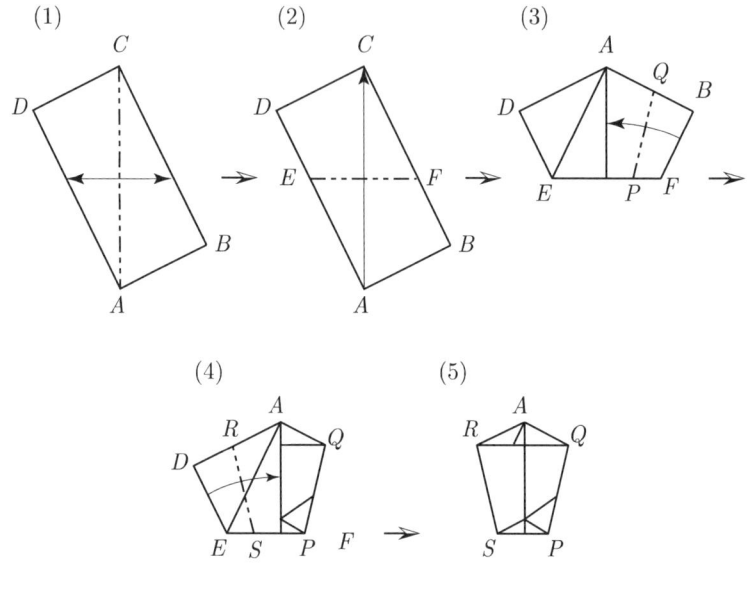

그림 79 오각형 접기

접는 방법에서 오각형 $PQARS$는 꼭짓점 A를 지나는 대칭축을 가지고 있다. 원래의 직사각형을 고르는 방법에 관계없이 오각형 $PQARS$에서는 다음의 관계가 성립한다(왜 그럴까?).

(a) 세 선분 SP, QA, AR의 길이는 같다.
(b) 네 개의 각 ARS, RSP, SPQ, PQA의 크기는 같다.

그러나 직사각형 대신 정사각형으로 시작하면 이 순서로는 성공할 수 없다.

시작하는 직사각형의 모서리 비가 $\tan 54°$일 때 정오각형이 된다. 그렇다면 정오각형에 대해서 (5)의 각 QAR이 $108°$가 되어야 하는데 그림 79의 (1)의 각 ACD는 $54°$가 된다. 작도가 완성된 오각형의 성질 (a), (b)로부터 보면 이 조건은 정오각형이 되기 위한 충분조건이기도 하다. 정오각형이 되기 위해서 처음 직사각형의 모서리의 비를 54°로 하지만 그런 직사각형은 정사각형 종이로부터 그림 80을 따라서 만들 수가 있다.

그림 80의 접는 방법 설명: (1), (2), (3)은 황금직사각형의 경우와 같다. (4)와 (5)에서는 G를 중심선 EF 위에서 B를 지나는 접은 선 위로

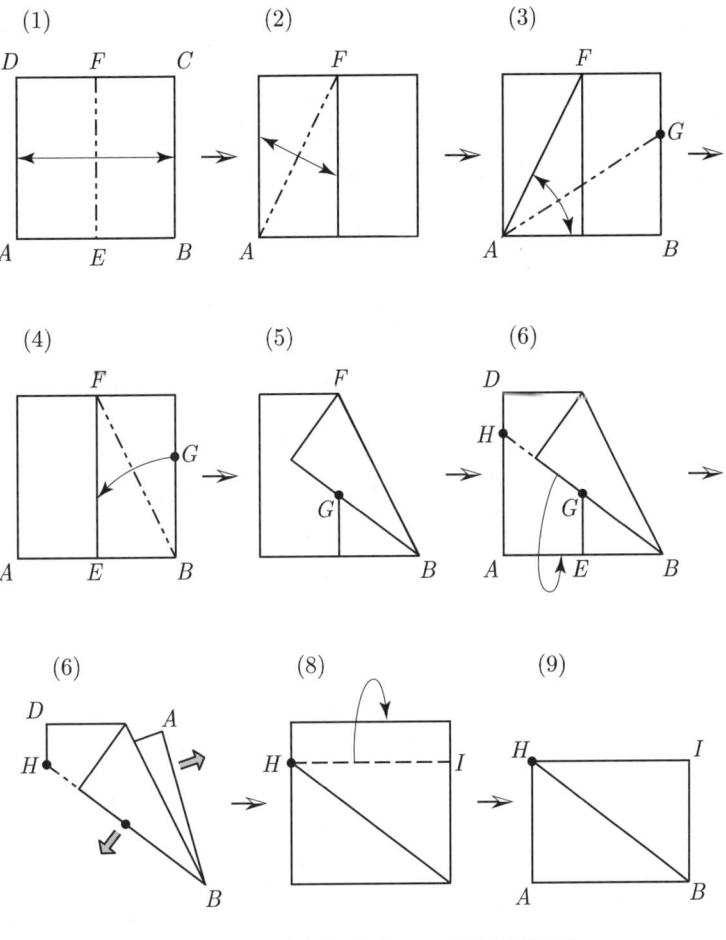

그림 80 모서리의 비가 $\tan 54°$인 직사각형

가져온다. (6) BG를 따라서 되접어 꺾어 접은 금의 선과 모서리 AD와의 교점을 H라고 하자. (7) 원래의 정사각형의 종이로 되돌려, (8) H의 높이에서 되접어 꺾으면, (9) 직사각형 $ABIH$는 구하려고 했던 모서리의 비가 $\tan 54°$인 직사각형이 된다.

4.4 부록: DIN A4 용지

 DIN이라는 약자는 Deutsche Industrie Normung(독일 공업 규격)을 말한다. 이것은 종이의 규격만이 아니고 공산품이나 일상생활의 거의 모든 것에 대한 규격이다. 이것은 미터법에 기초를 두고 있다. 오늘날에는 독일만이 아니라 거의 모든 유럽국가에서도 사용하는 규격이다.

 여기에서 DIN 규격에 따른 종이 사이즈를 얘기한다.

 본질적인 점은 모든 규격이 폭과 높이(즉, 가로와 세로)의 비가 $\sqrt{2}$인 직사각형이라는 것이다. 결국 모든 사이즈 사이에는 닮음의 성질이 있어서 둘로 접으면 원래의 직사각형과 닮은 두 개의 직사각형을 얻을 수 있다. 결과적으로 이 종이는 이 장에서 알 수 있듯이 접거나 잘라서 얻어지는 많은 멋진 기하학적인 것을 가르치는 데 아주 편리한 것을 알 수 있다.

 사이즈 A0 종이의 넓이는 1제곱미터이고, 미터법은 길이보다 넓이를 사용해서 도입하고 있다. A0 종이의 높이는 $\sqrt[4]{2}$ 미터이고, 약 $1.189m$이다. A0 종이를(짧은 쪽 모서리에 평행하게) 한가운데에서 접든지 자르면 A1 종이가 생긴다. 그러면 A1 종이의 높이는 A0 종이의 폭과 같고 A1 종이의 폭은 A0 종이의 높이의 반이다. 이런 과정을 반복해서 A2 A3 ⋯의 사이즈는 같은 방법으로 얻는다.

cm로 계산한 대략의 값은 다음과 같다.

이름	높이(cm)	폭(cm)	넓이(cm^2)
A0	118.92	84.09	1
A1	84.09	59.46	$\frac{1}{2}$
A2	59.46	42.04	$\frac{1}{4}$
A3	42.04	29.73	$\frac{1}{8}$
A4	29.73	21.02	$\frac{1}{16}$
A5	21.02	14.87	$\frac{1}{32}$
A6	14.87	10.51	$\frac{1}{64}$

A4 사이즈는 미국의 레터 사이즈에 가까운 것으로 잘 사용되는 섯이다. A6는 보통의 엽서 사이즈이고, 대략 6인치×4인치이다.

스위스에서는 이 시스템이 제2차 세계대전 중에 제지공장에서 원재료와 에너지를 절약하기 위하여 법률로 제정되었다. 세계의 많은 나라 (예를 들면 스위스, 뉴질랜드, 호주, 남아프리카, 일본)에서 사람들은 DIN을 생략하고 간단하게 A4 용지라고 부르고 있다. 독일에서는 DIN A4 사양이 쓰이고 있다.

만일 이 장의 접거나 자르는 연습문제를 풀어보고 싶다면 물론 미국식 종이 하나의 모서리를 적당히 잘라 적당한 사이즈로 할 수가 있다. 불행하게도 $8\frac{1}{2}$인치×11인치로 미국에서 사용하는 종이는 어느 방향으로든 $\frac{1}{4}$인치 정도 짧을 것이다. 그래서 조언하면 먼저 사용하려고 하는

종이의 폭 w와 높이 $h(w<h)$를 재어서

(a) $\dfrac{h}{\sqrt{2}}$가 w보다 작으면 종이의 짧은 쪽을 $w-\dfrac{h}{\sqrt{2}}$만큼 잘라 내고,

(b) $\dfrac{h}{\sqrt{2}}$가 w보다 크면 종이의 긴 쪽을 $h-\sqrt{2}\,w$만큼 잘라 내야 한다.

CHAPTER

5

수 열

$$\gamma = p + \cfrac{q}{p + \cfrac{q}{p + \cfrac{q}{p + \cfrac{q}{p + \cdots}}}}$$

GOLDEN SECTION

5.1 황금분할(또는 황금비)의 거듭제곱의 일차화

τ는 이차방정식

$$x^2 = x+1$$

의 해이므로,

$$\tau^2 = \tau + 1$$

을 만족한다. 그러므로 τ^2에 $\tau+1$을 대입할 수가 있다. 같은 방법으로 τ의 임의의 양의 제곱에 τ에 대한 일차식 표시를 대입할 수가 있다. 예를 들면

$$\tau^3 = \tau^2\tau = (\tau+1)\tau = \tau^2 + \tau = (\tau+1) + \tau = 2\tau + 1$$

이 된다.

3차의 거듭제곱 τ^3은 보다 간단하게 다음과 같이 계산할 수도 있다.

$$\tau^2 = \tau + 1$$

에 직접 τ를 곱하면

$$\tau^3 = \tau^2 + \tau$$

가 된다. 그래서 우변의 τ^2을 τ에 대한 일차식 표시로 바꾸면 좋다. 일반적으로,

$$\tau^2 = \tau + 1$$

에 τ^n을 곱하면

$$\tau^{n+2} = \tau^{n+1} + \tau^n$$

이 된다.

τ^{n+1}과 τ^n에 대한 일차식 표시를 알고 있으면 더하여 τ^{n+2}에 대한 일차식 표시를 얻을 수 있다.

구체적으로는

$$\tau^0 = 1 = 1$$
$$\tau^1 = \tau = \tau$$
$$\tau^2 = \tau + 1 = \tau + 1$$
$$\tau^3 = \tau^2 + \tau = 2\tau + 1$$
$$\tau^4 = \tau^3 + \tau^2 = 3\tau + 2$$
$$\tau^5 = \tau^4 + \tau^3 = 5\tau + 3$$
$$\tau^6 = \tau^5 + \tau^4 = 8\tau + 5$$

가 된다.

새로운 행은 각각 그 앞의 두 행의 합이 되어 있다. τ의 거듭제곱에 관한 일차화는 이미 오일러에 의해서 잘 알려져 있다.

스위스의 수학자이고 물리학자인 레온하르트 오일러는 1707년 바젤에서 태어났다.

그는 요한 베르누이의 제자였다. 생애의 대부분을 상트페테르부르크에서 보냈다. 그의 공헌은 수학의 해석학, 대수학뿐만 아니라 천문학, 역학에 있어서 600편이 넘는 출판을 했다. 1766년에 눈이 보이지 않게 되었지만 그 뒤에도 자주 출판을 계속했다. 1783년 상트페테르부르크에서 죽었다.

Leonhard Euler, 1707~1783.

5.1 황금분할(또는 황금비)의 거듭제곱의 일차화

식

$$\tau^n = a_n\tau + a_{n-1}, \quad n \in \{2, 3, 4, \cdots\}$$

속의 계수는 피보나치수로 불리는 것이다. 그것들은 분명히 초기값을 $a_1 = 1, a_2 = 1$이라 하며 점화식

$$a_{n+2} = a_{n+1} + a_n$$

을 만족한다. 같은 이론에서,

$$(-\rho)^2 = (-\rho) + 1$$

이라는 관계식을 만족하는 수 $(-\rho)$의 거듭제곱에 대한 일차화 공식

$$(-\rho)^n = a_n(-\rho) + a_{n-1}, \quad n \in \{2, 3, 4, \cdots\}$$

를 얻는다.

5.2 피보나치 수열

(특수) 피보나치 수열이란 초기값을 $a_1 = 1$, $a_2 = 1$로 하고, 점화식

$$a_{n+2} = a_{n+1} + a_n$$

로 주어지는 수열, 즉

$$1, 1, 2, 3, 5, 8, 13, 21, 34, 55, \cdots$$

을 말한다. 나중에 이 특수 피보나치 수열의 일반화를 생각한다.

피보나치(Fibonacci)라는 것은 필리우스 보나치(Fillius Bonacci)의 약자이고, 보나치의 아들이라는 의미이다. 실제로 그의 이름은 피사의 레오나르드(Leonardo da Pisa Leonardo Pisano)라고 하고, 1170년과 1180년 사이에 태어났다. 알제리와 이집트, 시리아, 그리스, 시칠리, 프로방스로 장사 여행을 할 때 당시 산술계산에 관하여 알려져 있던 모든 것을 배웠다. 1202년에 세상에 태어난 그의 위대하고 획기적인 459쪽이나 되는 책은 《산반의 책》이라 하고, 인도식

Leonhard Fibonacci,
1170?~1250?

계산법을 유럽 사람들에게 전했으며, 오늘날 사용하고 있는 아라비아 기호(물론 아라비아 숫자)도 도입했다.

피보나치가 죽은 해는 알려져 있지 않다. 그에 관한 마지막 기록은 피사 공화국이 그에게 연금을 준다는 1240년의 포고이다.

피보나치 수열의 수는 τ의 거듭제곱의 일차화 이론에 나와 있다. 이들 수의 구체적인 식을 얻기 위하여 τ^n과 $(-\rho)^n$에 대한 일차화 공식의 차를 취하면,

$$\tau^n - (-\rho)^n = a_n(\tau + \rho)$$

를 얻는다. $\tau + \rho = \sqrt{5}$ 이므로

$$a_n = \frac{1}{\sqrt{5}}(\tau^n - (-\rho)^n)$$

이라는 공식이 생긴다. 이 공식은 비네(Jacques Phillppe Marie Binet, 1786~1856)의 공식으로 알려져 있지만 이미 다니엘 베르누이(Daniel Bernoulli, 1700~1782)에 의해서 알려졌다.

이렇게 해서 피보나치 수열 $\{1, 1, 2, 3, 5, 8, 13, \cdots\}$은 공비 τ와 $(-\rho)$

의 두 등비수열의 차가 되어 있다. $\tau > 1$과 $|-\rho| < 1$이므로 큰 n에 대해서는

$$a_n \approx \frac{1}{\sqrt{5}}\tau^n$$

이 된다.

이와 같이 피보나치 수열의 수는 황금비의 거듭제곱을 사용하여 근사시킬 수가 있다. 이웃한 피보나치 수의 몫에 대해서는

$$\lim_{n \to \infty} \frac{a_{n+1}}{a_n} = \tau$$

라는 극한값을 얻을 수 있다.

더욱이 황금분할(또는 황금비)은 이웃한 피보나치 수의 몫에 의해서 근사시킬 수 있고, 다음 표와 같다.

a_n	$c_n = \dfrac{a_{n+1}}{a_n}$
1	$\dfrac{1}{1} = 1$
1	$\dfrac{2}{1} = 2$
2	$\dfrac{3}{2} = 1.5$
3	$\dfrac{5}{3} \approx 1.6666$
5	$\dfrac{8}{5} = 1.6$
8	$\dfrac{13}{8} = 1.625$

5.2.1 수벌의 가계도

수벌의 가계도는 피보나치 수열로 설명할 수 있다. 수벌은 꿀벌의 미수정란에서 태어나며, 여왕벌이나 일벌은 수정란에서 태어나므로(두 종류의 차이는 받은 영양의 차에서 생긴다) 수벌에게는 어머니밖에 없지만 여왕벌에게는 부모가 둘 다 있다(그림 81).

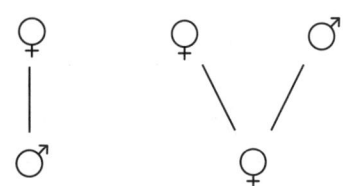

그림 81 수벌과 여왕벌의 부모

수벌의 가계도는 그림 82와 같다. 이 가계도는 비대칭으로 암컷 쪽이 우세하다. n번째 부모 세대에는 a_n마리의 암컷과 a_{n-1}마리의 수컷이 있고, 수컷에 대한 암컷의 비율은 $n \to \infty$일 때 $\tau = \dfrac{1}{\rho}$에 가까워진다([Hof] p. 136과 [Hun] p. 160 참조).

이 가계도가 무한히 과거로 올라간다고 생각해 보자(이것은 생물학적으로 의미가 있는 것일까?). 그렇다면 모든 가지가 나무 전체의 복제이므로 프랙털이 얻어진다. 이 가계도 프랙털은 또한 그림 44에서 이웃한 황금직사각형과 정사각형의 중심을 이음으로써도 얻을 수 있다. 황금직사각형의 중심은 암컷의 조상에 대응하고, 정사각형의 중심은 보다 수가 적은 수벌의 조상에 해당하고 있다.

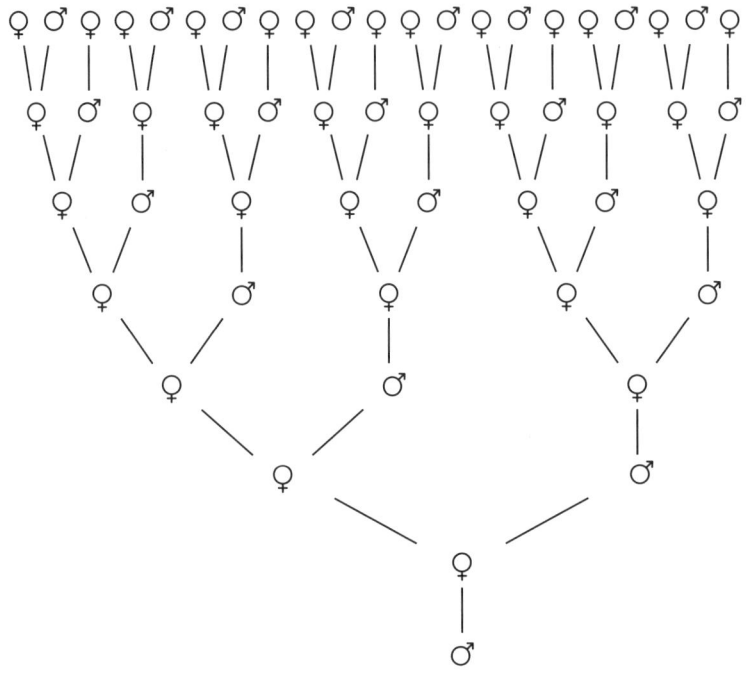

그림 82 수벌의 가계도

5.2.2 피보나치 수열에 의한 황금직사각형의 근사

황금직사각형을 정사각형으로 분할해갈 때에 끝나는 시점의 최소 정사각형은 존재하지 않았다. 그래서 역으로 가장 작은 정사각형의 첫 정사각형 모서리 길이를 1로 하고, 여기서 시작하여 점점 직사각형에 정사각형을 붙인 도형을 만들어가면 어떤 일이 생길지 생각해 보자. 이와 같이 정사각형을 붙여가는 순서를 다섯 번 행한 것을 그림 83에 나타내었다.

정사각형의 모서리 길이로 된 수열은 1, 1, 2, 3, 5, 8, …이 되고 그림 83으로부터도 분명한 것과 같이 새로운 정사각형의 모서리 길이는 그 앞의 두 정사각형의 모서리 길이의 합이다. 이렇게 해서 모서리 길

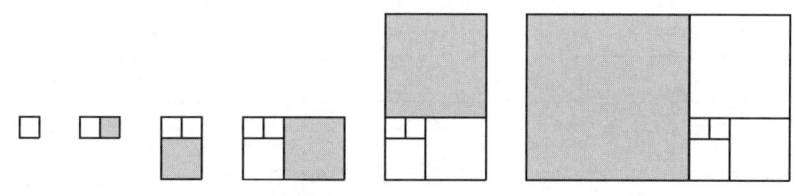

그림 83 정사각형을 붙인다

이의 수열은 피보나치 수열이 된다. 생기는 직사각형의 모서리 길이는 연속한 두 피보나치 수가 된다. 두 개의 연속한 피보나치 수의 비는 황금비에 가까워지기 때문에 이렇게 해서 얻어지는 직사각형은 황금직사각형에 근사하게 된다.

이들 직사각형에 유클리드 호제법을 적용하면 모서리 길이가 1인 최소의 정사각형으로 되돌아간다. 이렇게 해서 두 개의 이웃한 피보나치 수의 공약수는 1밖에 없고 서로소가 된다.

문제 31. 어떤 피보나치 수가 그 앞의 피보나치 수 중 어떤 것을 인수로 가질까?

황금직사각형에 대응하여 그림 22의 황금정사각형 프랙털도 또한 피보나치 수를 모서리 길이로 하는 정사각형에 의해 근사할 수가 있다. 그려야 할 마지막 세대를 위한 정사각형의 모서리 길이를 1이라 하고, 그 하나 앞 세대에 대해서도 1로 해서 그 다음은 피보나치 수열의 수인 2, 3, 5, 8, … 을 모서리 길이로 한다. 그림 84는 여섯 세대 전체의 경우를 나타내고 있다. 하얗게 빠진 직사각형은 위에서 얘기한 황금직사각형의 피보나치 근사이다.

같은 방법으로 그림 20의 T형 분기를 가지는 황금정사각형 프랙털도 피보나치 수열에 의하여 근사할 수 있다.

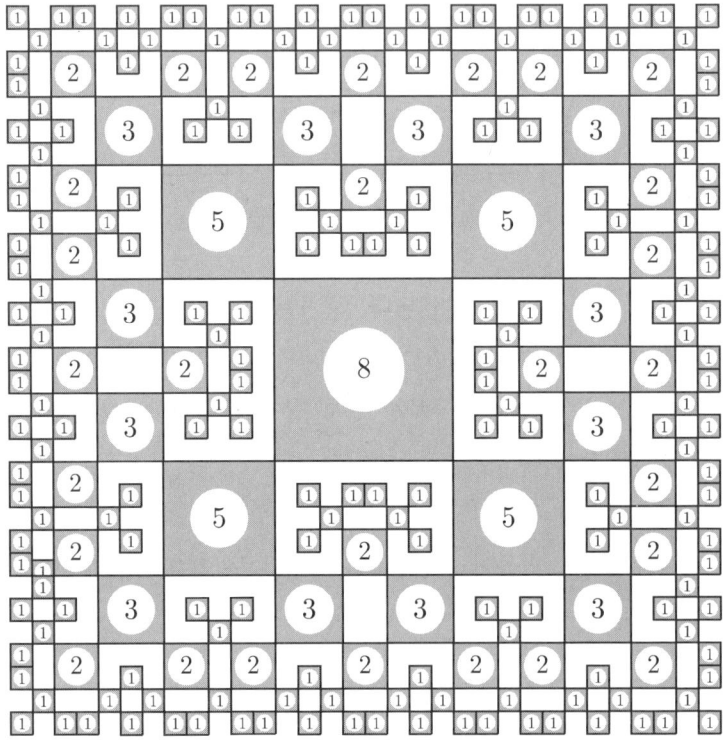

그림 84 황금정사각형 프랙털의 근사

5.2.3 임의의 초기값

만일 피보나치 수열

$$b_{n+2} = b_{n+1} + b_n$$

을 임의의 초기값 $b_1 = d$, $b_2 = c$로 시작하면,

$$b_1 = \quad\quad d$$
$$b_2 = \ c$$
$$b_3 = \ c + \ d$$
$$b_4 = 2c + \ d$$
$$b_5 = 3c + 2d$$
$$b_6 = 5c + 3d$$

가 된다. 분명히,

$$b_n = a_{n-1}c + a_{n-2}d$$

이다. 여기에서 a_n은 초기값이 $a_1 = 1$, $a_2 = 1$인 특수 피보나치 수열이다. 비네의 공식으로부터 $n > 1$에 대해서

$$b_n = \frac{1}{\sqrt{5}}((c\tau + d)\tau^{n-2} - (-c\rho + d)(-\rho)^{n-2})$$

라는 구체적인 공식을 얻는다.

$c\tau + d \neq 0$이라면 큰 n에 대하여,

$$b_n \approx \frac{c\tau + d}{\sqrt{5}}\tau^{n-2}$$

가 된다. 또한 극한값

$$\lim_{n \to \infty} \frac{b_{n+1}}{b_n} = \tau$$

를 얻는다.

이렇게 해서 피보나치 수열의 많은 열은 일반적으로 극한으로써 황금

분할을 갖는 이 극한은 초기값에 관계가 없다.

여기에서 등비수열이기도 한 피보나치 수열이 존재할 수 있는지를 생각할 수가 있다. 관계식 $b_n = aq^n$을 점화식에 대입하면

$$aq^{n+2} = aq^{n+1} + aq^n$$

이 되고 따라서

$$q^2 = q+1$$

이 된다.

이렇게 해서 이런 수열의 공비는 $q_1 = \tau$이든지 아니면 $q_2 = -\rho$라야 한다.

문제 32. 피보나치 수열을 하나씩 건너 뛰어 선택해 본다. 그러면 이 수열은 어떤 점화식을 만족할까?

문제 33. 임의의 초기값에 대하여 점화식

$$a_{n+2} = a_{n+1} - a_n$$

을 만족하는 수열은 어떤 모양을 나타낼까?

문제 34. 초기값이 자연수이고 점화식

$$a_{n+2} = |a_{n+1} - a_n|$$

을 만족하는 수열은 어떤 모양을 나타낼까?

5.3 $1+\sqrt{2}$ 의 거듭제곱

황금분할에 관계하여 위에서 행한 이론과 비슷하게 $t = 1+\sqrt{2}$ 의 거듭제곱의 일차화를 구한다.

$$t^2 = 3+2\sqrt{2} = 2(1+\sqrt{2})+1 = 2t+1$$

은 금방 알 수 있다.

여기에 t^n을 곱하면,

$$t^{n+2} = 2t^{n+1} + t^n$$

이 되어 다음과 같이 된다.

$$t = t$$
$$t^2 = 2t+1$$
$$t^3 = 5t+2$$
$$t^4 = 12t+5$$
$$t^5 = 29t+12$$

일차화 공식

$$t^n = a_n t + a_{n-1}$$

의 계수는 점화식

$$a_{n+2} = 2a_{n+1} + a_n$$

을 만족하고 초기값은 $a_1 = 1$, $a_2 = 2$이다. 이것은 피보나치 점화식을 부분적으로 수정한 것이다.

주의와 문제

일반화된 피보나치 수열의 예는 다음 성질을 가지고 있다.

(a) 구체적인 공식

$$a_n = \frac{1}{2\sqrt{2}}((1+\sqrt{2})^n - (1-\sqrt{2})^n)$$

이 성립한다.

(b) 이 열의 이웃한 요소의 몫의 극한은

$$\lim_{n\to\infty} \frac{a_{n+1}}{a_n} = 1+\sqrt{2}$$

이다.

문제 35. 점화식

$$b_{n+2} = 2b_{n+1} + b_n$$

을 갖는 임의의 수열에 대하여 일반적으로는

$$\lim_{n\to\infty} \frac{b_{n+1}}{b_n} = 1+\sqrt{2}$$

가 성립한다. 예외적인 경우는 어떨 때인가?

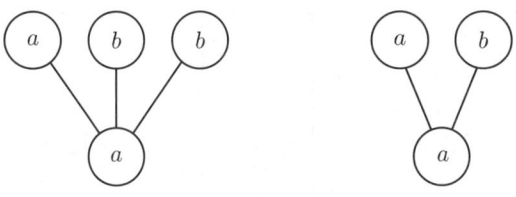

그림 85 a요소와 b요소의 부모

문제 36. 점화식

$$a_{n+2} = 2a_{n+1} + a_n$$

을 만족하는 등비수열은 어떤 것인가?

'a요소'와 'b요소'가 만드는 나무에서 a요소는 하나의 a요소와 두 개의 b요소를 부모로 가지고 있고 b요소는 한 개의 a요소와 b요소를 각각 부모로 가지고 있다고 한다(그림 85).

문제 37. b요소의 조상이 만드는 나무는 어떤 식으로 보일까? 이것에 적당한 생물학적인 설명이 있는가?

모서리의 비가 $(1+\sqrt{2}):1 = 1:(\sqrt{2}-1)$인 직사각형(그림 57)은 그림 86과 같이 정사각형을 붙여 감으로써도 근사할 수가 있다. 그때 정사각형 모서리 길이 비는 이미 익숙해진 수열 $\{1, 2, 5, 12, 29, 70, 169, \cdots\}$를 이루고 그것은 초기값이 $a_1 = 1$, $a_2 = 2$로 점화식 $a_{n+2} = 2a_{n+1} + a_n$을 만족한다. 홀수 번째 항들로 된 부분 열, 즉 $\{1, 5, 29, 169, \cdots\}$는 피타고라스 삼각형(모서리 길이가 정수비인 직각삼각형)에 관계하고 있는 성질을 만족한다. 결국 아래와 같은 관계가 성립한다.

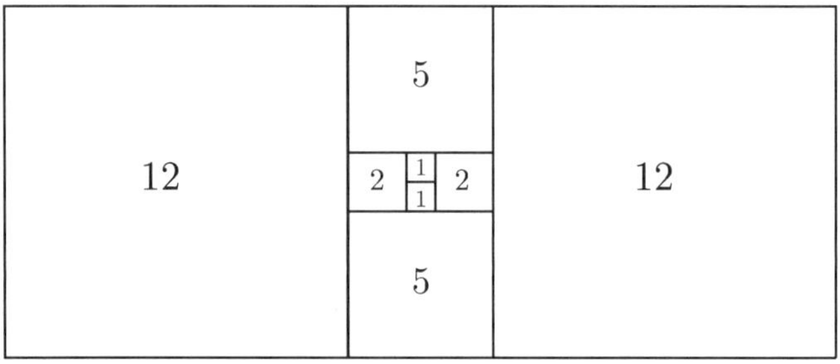

그림 86 정사각형에 의한 근사

$$1^2 = 0^2 + 1^2$$
$$5^2 = 3^2 + 4^2$$
$$29^2 = 20^2 + 21^2$$
$$169^2 = 119^2 + 120^2$$

이 수들은 빗변이 아닌 모서리 길이의 차가 1인 피타고라스 삼각형, 즉 이등변삼각형에 가까운 직각삼각형의 빗변의 길이가 된다[Ru2].

문제 38. 피보나치 수열에 기초를 둔 아래의 수의 배후에 어떤 피타고라스 삼각형이 숨어 있는가?

$$1$$
$$1$$
$$2 \quad\quad 2^2 = 0^2 + 2^2$$
$$3$$
$$5 \quad\quad 5^2 = 3^2 + 4^2$$
$$8$$

13    $13^2 = 5^2 + 12^2$

21

34    $34^2 = 16^2 + 30^2$

55

89    $89^2 = 39^2 + 80^2$

5.4 이차방정식의 해의 거듭제곱

지금까지의 절 배후에 있는 생각을 아래와 같이 확장할 수가 있다 ([Ru1]과 비교하여라). 최고차의 계수가 1인 이차방정식

$$x^2 - px - q = 0$$

의 해 t는

$$t^2 = pt + q$$

를 만족한다. 즉 t의 거듭제곱을 하나씩 내려서 유한 회에서 일차식으로 만들 수 있다. 일차화 공식

$$t^n = a_n t + b_n$$

으로부터 한편으로는,

$$t^{n+1} = a_{n+1} t + b_{n+1}$$

이라 하고, 또 다른 한편으로는,

$$t^{n+1} = a_n t^2 + b_n t = a_n(pt+q) + b_n t = (a_n p + b_n)t + a_n q$$

라고 한다.

계수를 비교하면,

$$a_{n+1} = a_n p + b_n,$$
$$b_{n+1} = a_n q$$

를 얻는다.

b_n을 소거하기 위하여

$$a_{n+2} = a_{n+1} p + b_{n+1}$$

이라 두고 b_{n+1}을 $a_n q$로 치환한다. 그러면 열 $\{a_n\}$에 대한 점화식

$$a_{n+2} = p a_{n+1} + q a_n$$

을 얻는다. 같은 방법으로 하면,

$$b_{n+2} = p b_{n+1} + q b_n$$

을 얻는다.

두 개의 수열 $\{a_n\}$과 $\{b_n\}$은 이렇게 해서 같은 점화식을 만족하고 일반화된 피보나치 수열이 된다. 초기값에 대해서는 $t^1 = t$, $t^2 = pt + q$ 로부터 값 $a_1 = 1$, $a_2 = p$, $b_1 = 0$, $b_2 = q$를 얻는다. 이렇게 해서,

$$a_1 = 1$$
$$a_2 = p$$
$$a_3 = p^2 + q$$

$$a_4 = p^3 + 2pq$$

$$a_5 = p^4 + 3p^2q + q^2$$

$$a_6 = p^5 + 4p^3q + 3pq^2$$

$$a_7 = p^6 + 5p^4q + 6p^2q^2 + q^3$$

$$a_8 = p^7 + 6p^5q + 10p^3q^2 + 4pq^3$$

등과 같게 된다.

대응하는 계수의 삼각형(그림 87a)은 확실하게 이항계수의 파스칼 삼각형을 아핀적으로 비뚤어지게 한 것이다.

실제로 귀납법에 의하여

$$a_{n+1} = \sum_{j=0}^{[n/2]} \binom{n-j}{j} p^{n-2j} q^j$$

가 성립하는 것을 증명할 수 있다. 그림 87a의 행의 합은 피보나치 수

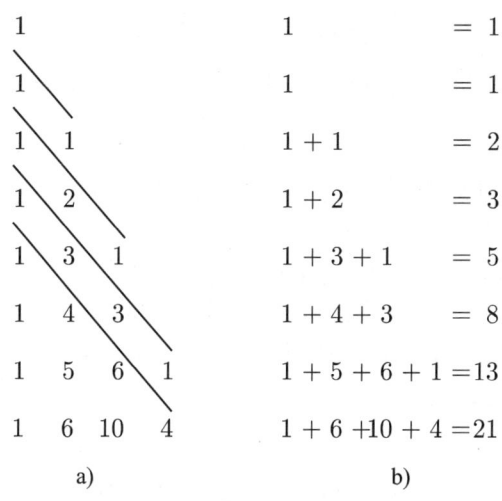

그림 87 계수의 삼각형과 행의 합

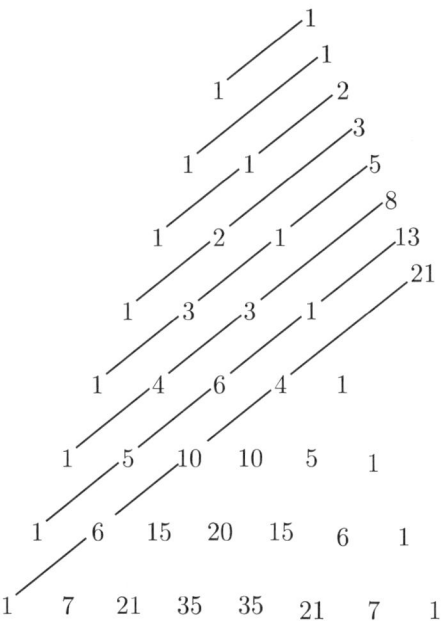

그림 88 파스칼 삼각형에서 비스듬한 행의 합으로 나타난 피보나치 수

가 된다(그림 87b).

아핀적으로 비뚤어진 표시에서는 피보나치 수는 파스칼 삼각형의 '비스듬한 행의 합'이 되어 있다(그림 88).

일반화: 3차방정식 $x^3 = p_1x^2 + p_2x + p_3$의 해 t의 거듭제곱 t^n은

$$t^n = a_nt^2 + b_nt + c_n$$

이라는 모양으로 나타난다. 그때 열 $\{a_n\}$, $\{b_n\}$, $\{c_n\}$은 모두 같은 점화식

$$a_{n+3} = p_1a_{n+2} + p_2a_{n+1} + p_3a_n$$

을 만족한다.

문제 39. 어떻게 하면 이것을 더욱 일반화할 수 있을까?

5.5 일반 피보나치 수열

이차방정식

$$x^2 - px - q = 0$$

의 해의 거듭제곱을 일차화하면 점화식

$$a_{n+2} = pa_{n+1} + qa_n$$

을 갖는 일반 피보나치 수열을 얻는다.

몫의 열

$$c_n = \frac{a_{n+1}}{a_n}$$

에 대해서는 점화식으로부터

$$c_{n+1} = p + \frac{q}{c_n}$$

을 얻는다.

극한 $\gamma = \lim_{n \to \infty} c_n$이 존재하고 0이 아닐 때 점화식에 대입하면

$$\gamma = p + \frac{q}{\gamma}$$

를 얻는다. 이렇게 해서,

$$\gamma^2 = p\gamma + q$$

가 얻어지고 γ는 이차방정식

$$x^2 - px - q = 0$$

의 해가 된다.

이것들을 모아서 알 수 있는 것은 이차방정식의 해의 거듭제곱을 일차화하면 일반 피보나치 수열을 얻을 수 있고, 역으로 이 일반 피보나치 수열의 몫의 열의 극한을 취하면 다시 원래의 이차방정식으로 되돌아간다는 것이다.

$p = 1$, $q = 6$일 때의 예를 조사해 보자. 이때 점화식은

$$a_{n+2} = a_{n+1} + 6a_n$$

이 되고, 대응하는 이차방정식은

$$\gamma^2 - \gamma - 6 = 0$$

이 된다.

이 방정식은 두 개의 해 $\gamma_1 = 3$, $\gamma_2 = -2$를 가진다. 여기에서 문제가 되는 것은 두 해 가운데 어느 것이 몫의 열 c_n의 극한이 되는가이다. 실험적인 접근을 해보자. 초기값을 $a_1 = 1$, $a_2 = 1$이라 하면 다음 식을 얻을 수 있다.

n	a_n	$c_n = \dfrac{a_{n+1}}{a_n}$
1	1	1
2	1	7
3	7	1.85714
4	13	4.23076
5	55	2.41818
6	133	3.48120
7	463	2.72354
8	1261	3.20301
9	4039	2.87323
10	11605	3.08823
11	35839	2.94285
12	105469	3.03883
13	320503	2.97444
14	953317	3.01718
15	2876335	2.98861

이들 수에 기초해서 $\gamma = \lim\limits_{n \to \infty} c_n = 3$이라는 예상을 할 수 있다. 초기값을 $a_1 = 0.5,\ a_2 = -1$로 바꾸면,

n	a_n	$c_n = \dfrac{a_{n+1}}{a_n}$
1	0.5	-2
2	-1	-2
3	2	-2
4	-4	-2
5	8	-2
6	-16	-2
7	32	-2
8	-64	-2
9	128	-2

n	a_n	$c_n = \dfrac{a_{n+1}}{a_n}$
10	-256	-2
11	512	-2
12	-1024	-2
13	2048	-2
14	-4096	-2
15	8192	-2

가 된다.

여기에서 $\{a_n\}$은 등비수열

$$a_n = -\frac{1}{4}(-2)^n$$

이고, $c_n =$ 일정 $= -2$가 되기 때문에,

$$\gamma = \lim_{n \to \infty} c_n = -2$$

이다.

문제 40. 초기값이

(a) $a_1 = 1000,\ a_2 = -2000,$

(b) $a_1 = 1000,\ a_2 = -2001$

이라는 두 가지 경우를 어떻게 구별할 수 있는가?

자, $\gamma = \lim_{n \to \infty} c_n$에 대하여 어떤 경우에 $\gamma_1 = 3$이 되고, 또한 $\gamma_2 = -2$가 되는지를 조사해 보자.

예에 기초해서 열 $\{c_n\}$이 일정하고 -2인지 3이라는 극한을 가질지

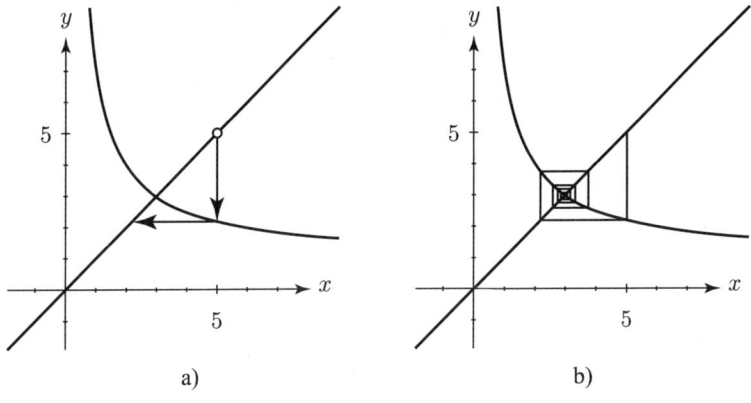

그림 89 반복되는 그래프

예상을 한다. 이것을 보기 위하여 점화식

$$c_{n+1} = 1 + \frac{6}{c_n}$$

을 이용해서 그래프를 그리는 방법을 채용한다.

그러기 위해서 2차원 x, y직교좌표계에서 방정식이 $y = 1 + \frac{6}{x}$인 쌍곡선과 직선 $y = x$가 필요하다. 주어진 c_n의 다음인 c_{n+1}을 찾기 위해서 직선 $y = x$ 위에 있는 점 (c_n, c_n)으로부터 수직으로 쌍곡선 $y = 1 + \frac{6}{x}$까지 가서 그곳에서 수평으로 다시 직선 $y = x$까지 간다. 그러면 점 (c_{n+1}, c_{n+1})에 도달한다(그림 89a).

임의의 초기점 (c_1, c_1) $(c_1 \neq 3, c_1 \neq -2)$에서 시작하면 점 $(3, 3)$에 수렴하는 나사선을 얻는다. 오른쪽 반평면에서는 나사선이 안쪽으로 향하며 진행하고(그림 89b), 왼쪽 반평면에서는 나사선이 최초의 바깥 방향으로 진행하여 결국 오른쪽 반평면으로 튀어나가고 나중에는 같이 점 $(3, 3)$에 수렴한다(그림 90).

이와 같이 수렴 방법이 대칭적이지 않은 원인은 쌍곡선이 직선 $y = x$

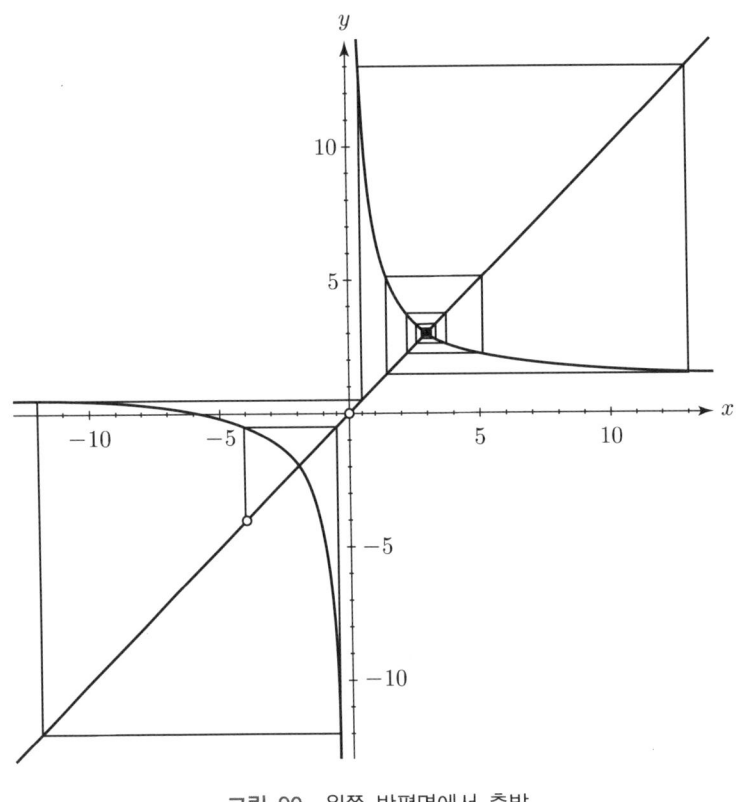

그림 90 왼쪽 반평면에서 출발

에 관하여 대칭이 아닌 점에 있다.

$c_1 = 3$과 $c_1 = -2$에 대해서는 이 열이 일정하고 나사선은 직선과 쌍곡선과의 교점으로 퇴화한다. 이렇게 해서 $c_1 = -2$는 불안정한 특수값이 된다. 왜냐하면 -2로부터 조금이라도 벗어나면 열 $\{c_n\}$은 -2에서 벗어나 3에 수렴하기 때문이다. 한편 값 $c_1 = 3$은 안정적이다.

문제 41. 방정식 $(a)\ y = -1 + \dfrac{6}{x}$, $(b)\ y = \dfrac{6}{x}$을 갖는 쌍곡선에 대한 나사선의 수렴 움직임은 어떻게 될까?

다음 예로써 $p=-1, q=-1$인 경우를 조사해 보자. 이때 점화식은

$$a_{n+2} = -a_{n+1} - a_n$$

이 되고, 원래의 피보나치 점화식과 부호만 달라서 대응하는 이차방정식은

$$\gamma^2 + \gamma + 1 = 0$$

이다. 여기에는 실수해가 없으며, 해는 두 개의 켤레복소수인

$$\gamma_1 = \frac{1}{2}(-1+i\sqrt{3}), \quad \gamma_2 = \frac{1}{2}(-1-i\sqrt{3})$$

이다.

두 개의 복소수는 소위 1의 복소 세제곱근으로 $\gamma_1^3 = 1, \gamma_2^3 = 1$을 만족한다. 복소평면 위에서 1과 합쳐 두 값과 함께 정삼각형을 만든다. 초기값 $a_1 = 1, a_2 = 2$에서 보면 다음과 같게 된다.

n	a_n	$c_n = \dfrac{a_{n+1}}{a_n}$
1	1	2
2	2	-1.5
3	-3	-0.333333
4	1	2
5	2	-1.5
6	-3	-0.333333

열 $\{a_n\}$과 $\{c_n\}$은 주기가 3으로 주기적이다. 다른 초기값에서는 어떻게 될까?

예를 조사해보면 이 주기성이 초기값에 의하지 않는다는 예상이 서게 된다. 이것을 보기 위해서는 임의의 초기값 a_1, a_2에 대해 $a_4 = a_1$,

5.5 일반 피보나치 수열

$a_5 = a_2$가 되는 것을 증명해야 한다. 초기값 $a_1 = c, a_2 = d$로 시작하면 점화식으로부터

$$a_3 = -d - c$$
$$a_4 = -(-d-c) - d = c$$
$$a_5 = -c - (-d-c) = d$$

가 된다. 이로써 열 $\{a_n\}$의 주기성은 증명되었다. 열 $\{c_n\}$의 주기성은 이것으로 바로 알 수 있다. 열 $\{c_n\}$의 주기성으로부터 기하학적인 주기 도형을 얻을 수 있다. 쌍곡선

$$y = -1 - \frac{1}{x}$$

와 직선 $y = x$을 사용한 반복적인 그래프 방법을 사용하면 임의의 초기 점에 대해 그림 91과 같은 좌표축에 평행한 모서리를 가지는 육각형을 얻는다.

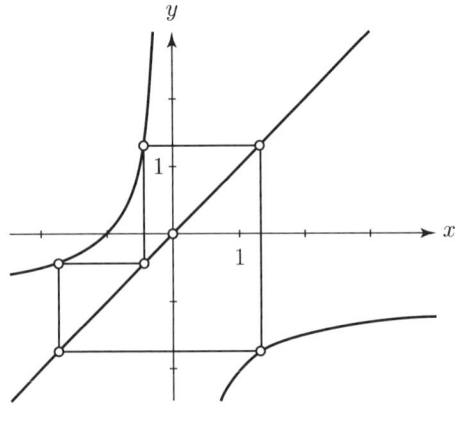

그림 91 주기적인 도형

문제 42. 아래의 점화식으로 주어지는 열은 어떤 행동을 보일까?

(1) $a_{n+2} = a_{n+1} - a_n$

(2) $a_{n+2} = -2a_{n+1} - 2a_n$

(3) $a_{n+2} = \sqrt{2}\, a_{n+1} - a_n$

(4) $a_{n+2} = \rho a_{n+1} - a_n$

(5) $a_{n+2} = \sqrt{3}\, a_{n+1} - a_n$

(6) $a_{n+2} = 2a_{n+1} - a_n$

(7) $a_{n+2} = \dfrac{3}{2} a_{n+1} - a_n$

그래프 방법으로부터 원래의 피보나치 수열 $a_{n+2} = a_{n+1} + a_n$의 몫에 대한 열, 즉 점화식 $c_{n+1} = 1 + \dfrac{1}{c_n}$을 만족하는 수열 $\{c_n\}$에 대해서는 쌍곡선 $y = 1 + \dfrac{1}{x}$과 직선 $y = x$는 두 점 (τ, τ)와 (ρ, ρ)에서 만나는 것을 알 수 있다(그림 92).

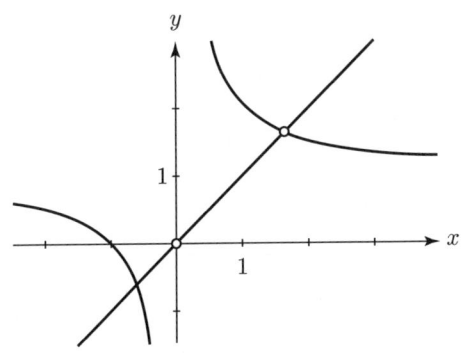

그림 92 황금비의 교점

5.5 일반 피보나치 수열

5.6 연분수

피보나치 수열의 몫의 열 $\{c_n\}$은 점화식

$$c_{n+1} = 1 + \frac{1}{c_n}$$

을 만족한다.

초기값을 $c_1 = 1$로 하면,

$$c_1 = 1,$$
$$c_2 = 1 + \frac{1}{1} = 2,$$
$$c_3 = 1 + \cfrac{1}{1 + \cfrac{1}{1}} = 1.5,$$
$$c_4 = 1 + \cfrac{1}{1 + \cfrac{1}{1 + \cfrac{1}{1}}} \approx 1.66 \cdots$$

이 된다.

$\lim\limits_{n \to \infty} c_n = \tau$ 이므로 τ의 이른바 연분수 표시인

$$\tau = 1 + \cfrac{1}{1 + \cfrac{1}{1 + \cfrac{1}{1 + \cfrac{1}{1 + \cdots}}}}$$

을 얻을 수 있다. 이것을 일반화한 연분수

$$\gamma = p + \cfrac{q}{p + \cfrac{q}{p + \cfrac{q}{p + \cfrac{q}{p + \cdots}}}}$$

는 점화식

$$c_{n+1} = p + \frac{q}{c_n}$$

로 주어지는 열 $\{c_n\}$의 극한이라고 해석해도 좋을 것이다. 이때 γ는 이 차방정식

$$x^2 = px + q$$

의 해이다.

아래의 예에서는 $p = 1, q = 6$이라고 한다. $c_1 = 1$을 초기값으로 잡으면 아래의 값을 얻을 수 있다.

n	c_n
1	1.00000
2	7.00000
3	1.85714
4	4.23077
5	2.41818
6	3.48120
7	2.72354
8	3.20301
9	2.87324
10	3.08824
11	2.94286
12	3.03884
13	2.97444

실제로 $\lim_{n\to\infty} c_n = 3$이다. 이렇게 해서 3은

$$3 = 1 + \cfrac{6}{1 + \cfrac{6}{1 + \cfrac{6}{1 + \cfrac{6}{1 + \cdots}}}}$$

이라는 연분수로 나타낼 수 있다.

이 예는 결국 5.5절의 예($p = 1, q = 6$)의 또 다른 한 가지 표시법이다. $c_1 = -2$를 초기값으로 택하면(그래서 이 초기값에 대해서만) 상수열 $\{c_n\}, c_n = -2$이 되고 $\gamma = \lim_{n\to\infty} c_n = -2$가 된다.

5.7 두 개의 등비수열의 일차결합

피보나치 수열에 대해서 비네의 공식

$$a_n = \frac{1}{\sqrt{5}} \tau^n - \frac{1}{\sqrt{5}} (-\rho)^n$$

이라는 구체적인 표시가 있었다. 결국 피보나치 수열은 두 개의 등비수열의 일차결합이 되어 있다. 이번에는,

$$a_n = ru^n + sv^n$$

이라는 형식을 하고 있는 일반 수열을 조사해 보자. 두 등비수열의 일차결합에 대해서는 점화식

$$a_{n+2} = (u+v)a_{n+1} - uva_n$$

이 성립한다. 이것은 대입해 보면 확인할 수 있다. 만일 극한

$$\gamma = \lim_{n\to\infty} \frac{a_{n+1}}{a_n}$$

이 존재하면 이차방정식

$$x^2 - (u+v)x + uv = 0$$

의 해이어야 한다(5.5절 참조). 비에트(Francois Viete, 1540~1603)의 정리*에 의하면 이 방정식의 해는 u와 v이다. 계수 r, s는 $a_1 = ru + sv$, $a_2 = ru^2 + sv^2$에 의하여 초기값으로부터 얻을 수 있다. 이렇게 해서,

$$r = \frac{a_1 v - a_2}{uv - u^2}, \qquad s = \frac{a_1 u - a_2}{uv - v^2}$$

이 된다.

아래의 예에서는 u, v에 대하여 복소수 $u = \frac{1}{2}(-1 + i\sqrt{3})$, $v = \frac{1}{2}(-1 - i\sqrt{3})$을 잡는다. u, v는 1의 복소수 세제곱근으로

$$u = e^{(2/3)\pi i} = \cos\frac{2}{3}\pi + i\sin\frac{2}{3}\pi$$

$$v = e^{-(2/3)\pi i} = \cos\frac{2}{3}\pi - i\sin\frac{2}{3}\pi$$

의 모양으로 나타낼 수 있다.

그러므로 $u + v = 2\cos\frac{2}{3}\pi = -1$이고 $uv = 1$이며, 점화식은

---

* 비에트 정리의 일반적인 경우는 방정식 $x^n + c_1 x^{n-1} + \cdots + c_{n-1}x + c_n = 0$의 계수 $c_1, c_2, \cdots, c_n$을 이 방정식의 근의 대칭함수로 나타낸 것이다. 특히 $n=2$일 때는 이차방정식 $x^2 + c_1 x + c_2 = 0$이 두 근 u, v를 갖는 것은 $c_1 = -(u+v)$와 $c_2 = uv$일 때이며 또 그때인 경우뿐이다. 이것을 우리는 근과 계수와의 관계라고 한다.

$$a_{n+2} = -a_{n+1} - a_n$$

이 된다. 더욱이,

$$u^n = e^{(2/3)\pi i n} = \cos\frac{2}{3}\pi n + i\sin\frac{2}{3}\pi n$$

$$v = e^{-(2/3)\pi i n} = \cos\frac{2}{3}\pi n - i\sin\frac{2}{3}\pi n$$

이 된다.

만일 예를 들어 $a_1 = 1$, $a_2 = 2$라는 초기값을 고르면,

$$r = \frac{-9 + i\sqrt{3}}{6}, \quad s = \frac{-9 - i\sqrt{3}}{6}$$

이라는 계수를 얻는다. 이 계수 r과 s도 u^n과 v^n과 마찬가지로 켤레복소수이고 $a_n = ru^n + sv^n$은 실수이다.

$$a_n = -3\cos\frac{2}{3}\pi n - \frac{\sqrt{3}}{3}\sin\frac{2}{3}\pi n$$

를 얻는다. 이것으로부터 이 수열이 주기가 3으로 주기적인 것을 알 수 있다.

주의: 세 개의 등비수열을 합친 수열

$$a_n = r_1 u_1^n + r_2 u_2^n + r_3 u_3^n$$

은 점화식

$$a_{n+3} = (u_1 + u_2 + u_3)a_{n+2} - (u_1 u_2 + u_1 u_3 + u_2 u_3)a_{n+1} + u_1 u_2 u_3 a_n$$

을 만족한다. 똑같이 일반인 경우의 비에트의 정리를 사용하면 어떠한 k에 대해서도 k개의 등비수열을 합친 수열로 나아가게 할 수 있다.

5.8 다중 근호

무한하게 제곱근이 계속되는 수

$$w = \sqrt{1+\sqrt{1+\sqrt{1+\cdots}}}$$

은 크기가 어느 정도일까?

이 문제를 생각하기 위해서 초기값을 $w_1 = 1$로 하고 점화식

$$w_{n+1} = \sqrt{1+w_n}$$

을 만족하는 수열 $\{w_n\}$을 생각한다. 계산을 해보면 다음 표와 같게 된다.

n	c_n
1	1.00000
2	1.41421
3	1.55377
4	1.59805
5	1.61185
6	1.61612
7	1.61744
8	1.61785
9	1.61798

n	c_n
10	1.61802
11	1.61803
12	1.61803
13	1.61803
14	1.61803

이 표로부터

$$w = \lim_{n \to \infty} w_n = \tau$$

라는 것을 예상할 수 있다.

이것을 증명하기 위하여 점화식에 극한 w를 대입하면

$$w = \sqrt{1+w}$$

로서, 즉

$$w^2 = 1 + w$$

를 얻을 수 있다. 여기에는 두 개의 해 τ와 $-\rho$가 있는데 (제곱근을 취했으므로 모든 w_n이 양수였으므로) 두 번째 해는 버린다. 보여야 하는 것은 $\{w_n\}$이 정말로 수렴한다는 것이다. 이것도 $\{w_n\}$은 단조 증가이고 $w_n < \tau$이므로 쉽게 알 수 있다.

문제 43. 다른 초기값일 경우 수열 $\{w_n\}$은 어떻게 움직일까?

문제 44. $w = \sqrt{1 - \sqrt{1 - \sqrt{1 - \cdots}}}$ 는 초기값이 아래와 같을 때는 크기가 어느 정도인가?

(a) 초기값 $w_1 = 1$

(b) 초기값 $w_1 = 0.5$

문제 45. $w = \sqrt{q + p\sqrt{q + p\sqrt{q + \cdots}}}$ 는 크기가 어느 정도인가?

CHAPTER

6

정다면체와 준정다면체*

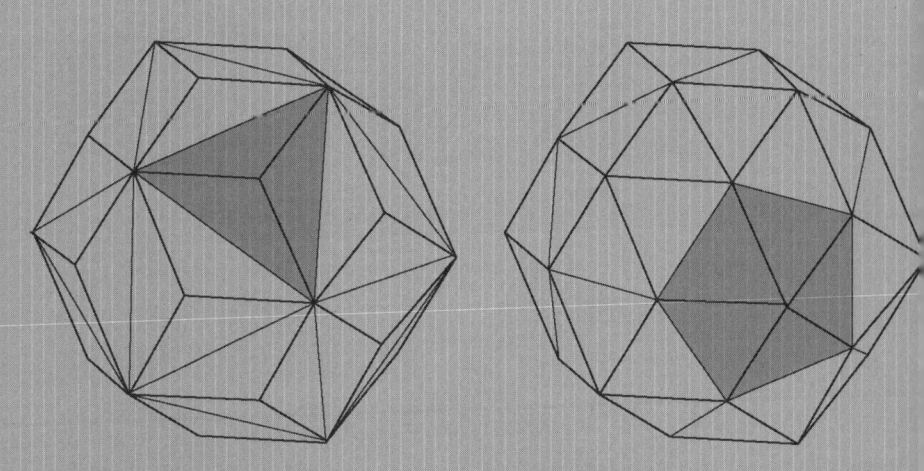

GOLDEN SECTION

* 준정다면체(semi-regular solid)는 콕스터(Coxeter)가 사용한 용어([Co1])이다.

6.1 정다면체

정육면체는 합동인 여섯 개의 정사각형으로 둘러싸여 있고 각 꼭짓점 둘레에는 안으로 세 개의 정사각형이 모여 있다. 일반적으로 **정다면체**는 볼록인, 즉 들어간 곳이 없는 입체이고, 합동인 정다각형으로 둘러싸여 (면의 정칙성) 있으며, 각 꼭짓점에 같은 개수의 면이 모여 있는 (꼭짓점 정칙성) 것을 말한다. 이것은 아주 강한 요구 조건으로, 실제로 정다면체는 다섯 개만 존재한다. 네 개의 정삼각형으로 둘러싸인 정사면체(그림 93a), 여덟 개의 정삼각형으로 둘러싸인 정팔면체(그림 93b), 정육면체(그림 93c), 스무 개의 정삼각형으로 둘러싸인 정이십면체(그림

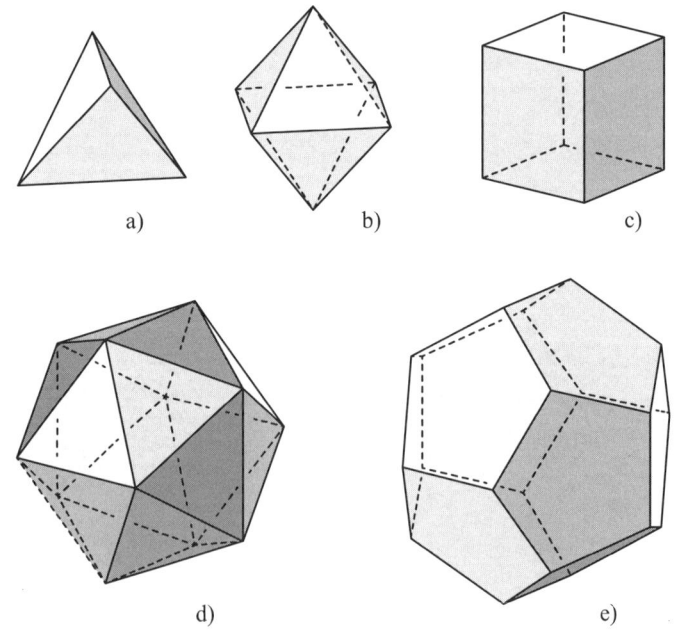

그림 93 다섯 개의 정다면체

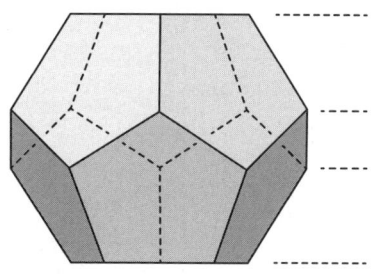

그림 94 꼭짓점의 높이는 얼마?

93c), 그리고 마지막으로 열두 개의 정오각형으로 둘러싸인 정십이면체 (그림 93e)이다.

정십이면체와 정이십면체는 정오각형을 가지고 있다. 정십이면체에서는 면으로 싸여 있고, 정이십면체에서는 다섯 개의 삼각형이 각 꼭짓점에 모여 있으며, 삼각형의 모서리 가운데 꼭짓점을 지나지 않는 것이 정오각형을 만들고 있다. 황금비는 또 두 개의 정다면체와 관계하고 있으며, 예를 들어 다음 문제에 나온다.

문제 46. 정십이면체나 정이십면체의 면 중에서 그림과 같이 하나를 평평한 면 위에 놓을 때 각 꼭짓점은 높이가 얼마나 될까?(그림 94 참조)

6.2 정육면체와 정팔면체에 기초한 구성

정이십면체와 정십이면체는 적당한 방법으로 정육면체나 정팔면체에 외접이나 내접시킬 수가 있다. 예를 들면 정이십면체는 그림 95와 같이 하나의 정육면체 안에 내접시킬 수가 있다.

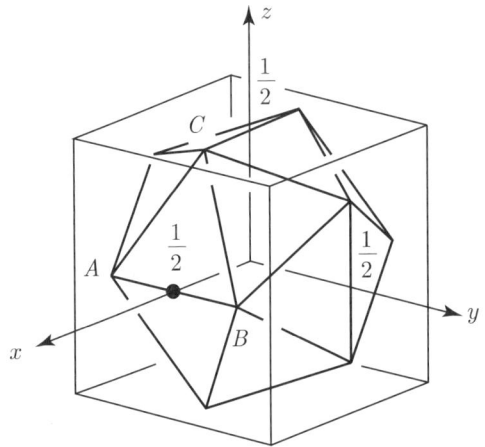

그림 95 단위정육면체에 내접하는 정이십면체

정이십면체의 모서리 길이를 s라면 꼭짓점 A, B, C의 좌표는

$$A\left(\frac{1}{2}, -\frac{s}{2}, 0\right), \; B\left(\frac{1}{2}, \frac{s}{2}, 0\right), \; C\left(\frac{s}{2}, 0, \frac{1}{2}\right)$$

이다.

삼각형 ABC는 정삼각형이고 모서리 길이는 s이므로, 특히 $|BC|=s$이고,

$$s^2 = \left(\frac{1-s}{2}\right)^2 + \left(\frac{s}{2}\right)^2 + \left(\frac{1}{2}\right)^2$$

이 된다. 이것은

$$s^2 + s - 1 = 0$$

과 동치이다.

이 방정식에는 두 개의 해 $s_1 = \rho$와 $s_2 = -\tau$가 있다. 그림 95의 정이십면체는 첫 해에 속한다. 이것으로부터 그림 96a, b에 있는 서로 관통

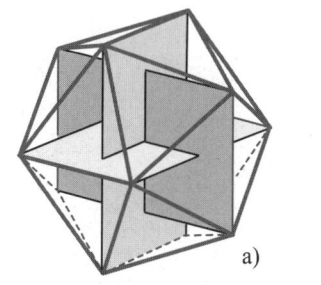 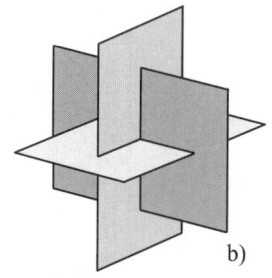

그림 96 정이십면체 속의 황금직사각형

해서 만나는 직사각형의 모서리 길이는 1과 ρ이고 이것은 결국 황금직사각형이다.

세 개의 황금직사각형은 정이십면체가 건축이라면 비계와 같은 것인데 두꺼운 종이 세 장으로 만든 황금직사각형으로부터 간단하게 만들 수가 있다. 두꺼운 종이 한가운데에 길이가 ρ인 칼자국을 내어 짜 맞추기 위하여 세 개의 칼자국 중 하나는 모서리 끝까지 칼집을 낸다(그림 97).

이렇게 하면 정이십면체의 모서리는 비계 위에서 직사각형의 적당한 꼭짓점 사이에 끈을 달아 (꼭짓점에서) 고정시키면 윤곽이 떠오른다.

문제 47. 세 개의 직교하는 황금직사각형으로 만들어지는 이러한 비계가 정이십면체 속에 몇 개나 있을까?

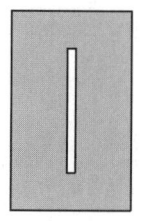 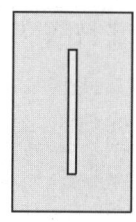 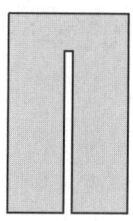

그림 97 정이십면체의 비계 조립 블록

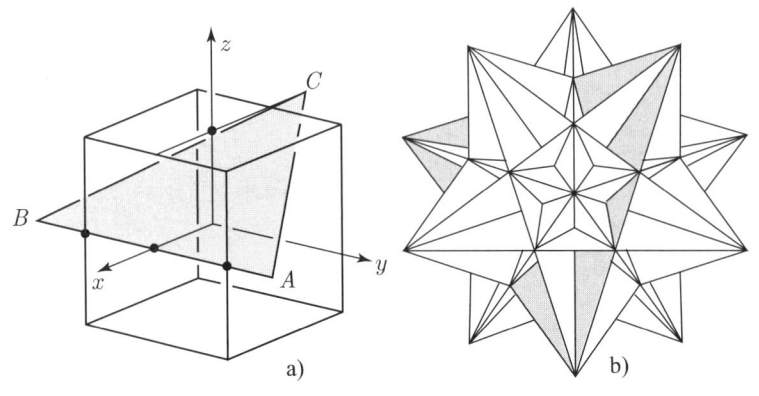

그림 98 두 번째 해: 큰 이십면체

방정식 $s^2 + s - 1 = 0$에서 음수의 해 $s_2 = -\tau$는 그림 98a에서의 삼각형 ABC의 위치를 정한다.

이 삼각형은 '큰 이십면체'([Co1] p.94 참조)의 일부이다. 이 이십면체는 이것을 발견한 푸앵소*(Louis Poinsot, 1777~1859)를 기념하기 위하여 푸앵소의 별 모양 다면체라고도 부른다. 그것은 보통 정이십면체와 마찬가지로 스무 개의 정삼각형으로 이루어져 있고, 그 가운데 다섯 개가 각 꼭짓점 둘레에 모여 있다. 그러나 다면체는 자기교차를 하며, 볼록다면체는 아니다. 그림 98b에 있는 큰 이십면체에서는 한 개의 정삼각형에 어두운 부분으로 나타내고 있다.

정다면체에 관련된 문제와 연습을 몇 개 정도 실어둔다.

문제 48. 정이십면체의 적당한 대각선을 사용해서 스무 개의 정삼각형으로

---

* 이차곡면 $Ax^2 + By^2 + Cz^2 + 2Dyz + 2Ezx + 2Fxy = 1$은 원점을 중심으로 하는 타원체를 나타내는데 이것을 관성타원체라고 한다. 이차곡면은 강체에 붙어서 함께 회전하므로 관성타원체의 운동을 조사하면 강체의 운동을 알 수 있다. 이와 같이 관성타원체의 운동에 의하여 강체의 운동을 나타내는 방법을 푸앵소 표현이라고 한다. 관성타원체가 같은 두 강체는 외력의 모멘트가 같을 때 외형이 달라도 같은 운동을 한다는 것이다.

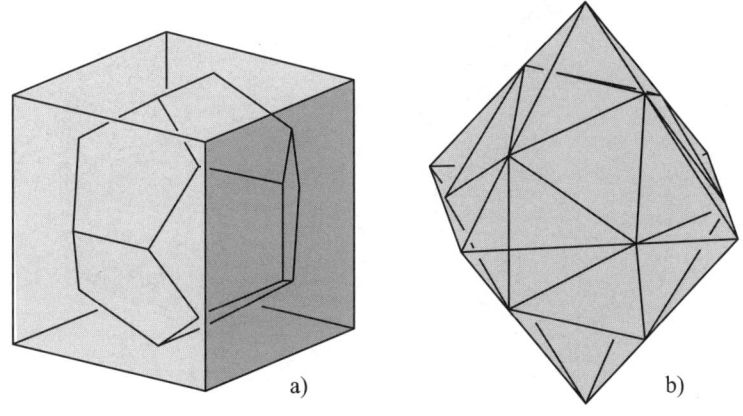

그림 99 내접 정십이면체와 내접 정이십면체

정이십면체의 면의 삼각형에 평행하고 τ배로 확대한 것을 작도할 수가 있다. 이것은 어떻게 하는 것일까?

문제 49. 정십이면체가 하나의 정육면체에 내접하고 있다(그림 99a). 정십이면체의 모서리는 정육면체의 모서리에 비교하여 어느 정도 길까?

문제 50. 정이십면체가 정팔면체에 내접하고 있다(그림 99b). 정팔면체의 모서리의 어느 점에 정이십면체의 꼭짓점이 있는가?

문제 51. 정십이면체의 꼭짓점은 정팔면체에 관해서 어디에 있을까(그림 100a)?

문제 52. 정십이면체를 정육면체에 외접시킬 수가 있다(그림 100b). 정십이면체의 꼭짓점은 정육면체에 관해서 어디에 있을까?

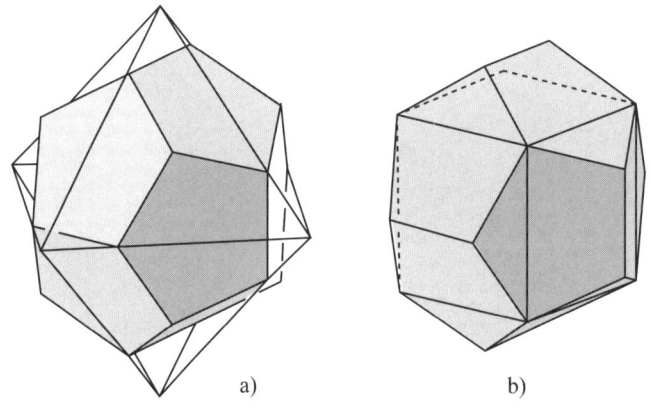

그림 100 정팔면체와 정십이면체 정육면체와 정십이면체

6.3 마름모 입체

마름모 입체란 합동인 마름모로만 둘러싸인 도형이다. 가장 간단한 예는 정육면체인데 실제로 정사각형으로 둘러싸여 있다. 이러한 마름모 입체가 정다면체와 밀접한 관계가 있다는 것을 보기로 하자. 몇 개의 마름모 입체에는 황금비가 마름모의 대각선의 길이의 비로 모습을 드러내고 있다.

6.3.1 마름모 십이면체

정육면체의 여섯 면 각각에 밑면에 대한 경사가 45°가 되도록 삼각형의 면을 갖는 피라미드를 쌓는다(그림 101). 그러면 마주 이웃하는 피라미드의 삼각형 면은 한 평면 위에 있다. 그러므로 입체 전체는 정육면체와 여섯 개의 피라미드로 이루어지고, 그것을 싸고 있는 것은 24

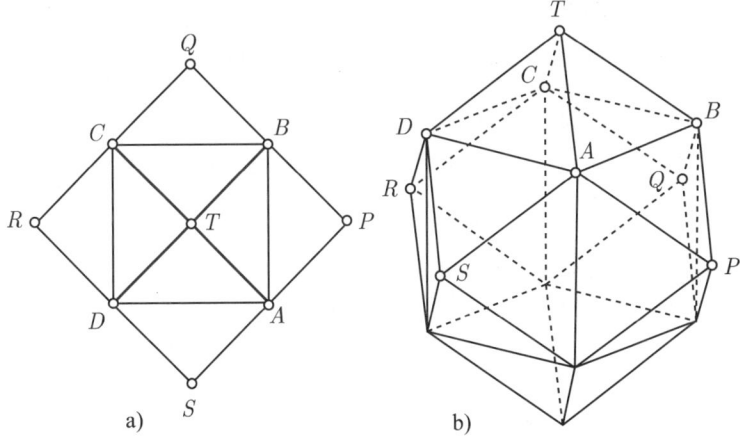

그림 101 피라미드가 정육면체 위에 만들어져 있다

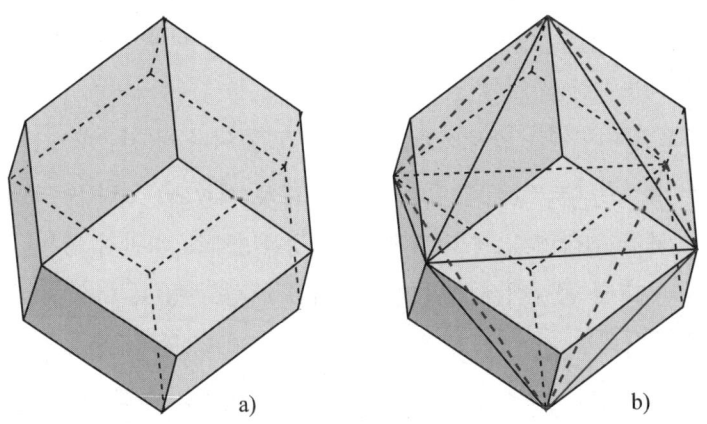

그림 102 마름모 십이면체와 그것에 내접하는 정팔면체

개의 삼각형이 아니고 12개의 합동인 마름모가 된다. 이것을 **마름모 십이면체**라고 한다(그림 102b).

마름모 십이면체의 디자인(그림 101a)으로부터 마름모 면의 대각선이 $\sqrt{2}:1$의 비라는 것을 알 수 있다. 열두 개의 짧은 대각선이 원래 정육면체의 모서리이다. 마름모면의 긴 대각선이 정팔면체의 모서리를 이룬다(그림 102b).

이렇게 해서 다시 정팔면체의 면 위에 여덟 개의 피라미드를 놓음으로써 마름모 십이면체를 만들 수 있다. 밑면의 삼각형과 면의 평면과의 경사각은 만나는 피라미드 면이 부드럽게 이어질 수 있도록 골라야 한다.

문제 53. 면 사이의 경사각은 어느 정도 클까?

마름모 십이면체는 준정다면체이다. 확실히 면은 서로 합동인 마름모이지만 정다각형은 아니다. 게다가 마름모 십이면체의 꼭짓점에는 두 종류가 있다. 열네 개의 꼭짓점 중 여섯 개에서는 네 개의 마름모가 예각인 곳에 모여 있다. 여섯 개의 꼭짓점은 내접하고, 정팔면체의 꼭짓점이다. 나머지 여덟 개의 꼭짓점은 내접 정육면체의 꼭짓점으로 세 개의 마름모가 둔각인 곳에서 만나고 있다.

마름모 십이면체는 소위 '공간 채우기 도형'이다. 공간은 크기가 같은 마름모 십이면체로 아무런 틈도 생기지 않게 채울 수 있다([Co1] p.70). 이것을 보기 위하여 먼저 크기가 같은 정육면체로 채워져 있는 공간을 생각한다. 그때 꼭짓점은 정육면체 격자를 이루고 있다. 더욱이 이들 정육면체를 교대로 검은 색과 흰 색을 칠한 공간적인 체스판처럼 생각한다. 그리고 나서 검은 정육면체를 각각 정육면체의 중심을 꼭짓점으로 하고, 검은 정육면체의 면을 밑면으로 하는 여섯 개의 피라미드로 분할한다. 그런 다음 검은 정육면체의 면을 옆에 있는 흰 정육면체에 붙이면 마름모 십이면체에 의한 공간의 분할을 얻을 수 있다.

문제 54. 2차원의 체스판의 패턴에서 대응하는 것을 생각하면 어떤 평면의 패턴이 생길까?

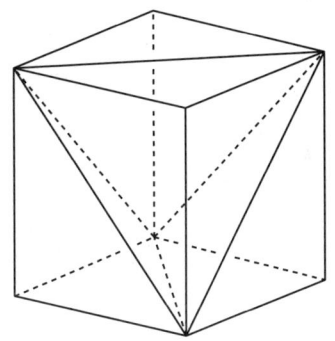

그림 103 정사면체에 속하는 마름모 입체로서의 정육면체

실제로 경험할 수 있는 모델에서 공간 채우기 성질을 보이기 위해서는 충분히 많은 똑같은 마름모 십이면체가 필요하다. 이것에 대해서는 다음 절에서 얘기하기로 한다.

그림 103을 사용하면 정사면체에 속하는 마름모 입체가 정육면체라는 것을 알 수 있다.

6.3.2 정육면체와 마름모 십이면체에 대한 조립모델

이 절에서는 종이 띠를 꼬아 올려* 정육면체나 마름모 십이면체를 만드는 간단한 방법을 공부한다([H/P] [Wa1]). 짜 맞춘다든가 엮는다는 것은 실제로 아주 오랜 문화적인 기술로 그 자신 상자 모양의 장롱을 만들기 위한 많은 방법을 보여준다. 파제타([Par])는 여러 가지 다면체를 조립모델로 만들 수 있다는 것을 보였다. 여기에서 가장 적은 수의 종이 띠를 가지고 만드는 아주 간단한 실현가능한 조립모델을 찾아보기로 하자.

정육면체에 대한 가장 간단한 조립모델에는 세 장의 종이 띠가 필요

---

* 꼬아 올린다(braiding)는 것을 영국에서는 땋거나 주름을 잡는다(plaiting)고 한다.

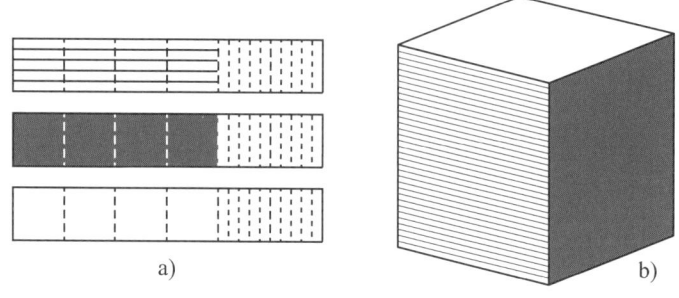

그림 104 조립하기 위한 띠와 조립한 정육면체

하다(그림 104a). 띠 세 개를 이론적으로는 여섯 개의 정사각형이 되도록 점으로 된 절선을 따라서 접는다. 실제로는 이론적으로 맞는 띠의 폭보다도 조금 좁게 잘라 쌓아갈 때에 종이 두께가 방해가 되지 않도록 해야 한다. 강도가 $80g/m^2$ 종이라면 $0.5mm$ 정도의 여유가 있으면 될 것이다. 그러면 종이 띠 석 장으로 조합하여 그림 104b처럼 만들 수 있다.

마지막의 정사각형 두 개(그림 104a에서는 엷은 흐린 색으로 되어 있다)는 앞 쪽의 두 개와 겹치게 해서 동일시한다. 조립모델에서는 겹쳐진 정사각형은 서로 위에 있어 도형을 안정하게 해준다.

띠의 폭이 훨씬 좁다고 생각하면 조립모델의 구조를 알아차릴 수 있게 된다(그림 105a).

이 구조는 '고리 가운데 한 개를 제거하면 두 고리는 분리된다'는 성질을 가진 세 개의 서로 얽힌 고리로 되어 있다. 그림 105b에는 평면 속에 있는 세 개의 합으로 표시된 같은 구조를 보여주고 있다. 이 디자인은 보로메오가의 문양이다. 13세기로 거슬러 올라가는 이탈리아 귀족의 가계에는 추기경으로서 1610년에 시성으로 추대된 성 카를로 보로메오*(1538~1584)가 있다([Fri] 참조). 이 모양은 보로메오의 고리로

---

* Carlo Borromeo는 이탈리아의 성직자이자 로마 가톨릭 교회의 추기경이다. 가톨릭 개혁 시대에 활동했던 인물로 성직자들의 교육을 위한 신학교 창립을 비롯하여 가톨릭 교회

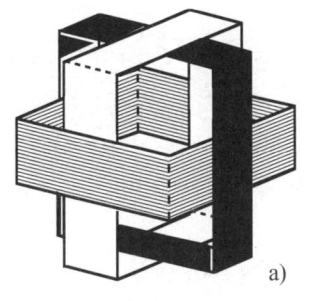 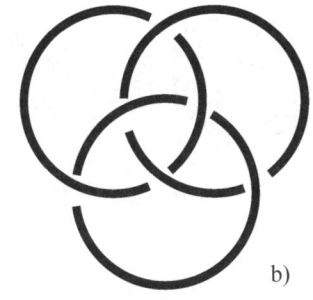

그림 105 조립모델 구조

유명하다.

문제 55. 그림 105의 꼰 끈 구조와 그림 96b의 얼개 황금 직사각형과의 사이에 어떤 관계가 있는가?

마름모 십이면체의 조립모델에는 지그재그로 된 띠가 필요하다. 그림 106a에는 그러한 시그새그로 된 띠가 마름모 십이면체 둘레를 어떻게 달리고 있는지가 나타나 있다. 지그재그 띠는 대각선의 길이 비가 $\sqrt{2}:1$인 여섯 개의 마름모로 되어 있다. 이것은 마름모 십이면체 둘레를 '적도'와 같이 해서 달린다. 이것에 대응하는 '남북의 축'은 마름모 십이면체를 만드는데 사용한 정육면체의 내부의 대각선이다. 정육면체에는 내부의 대각선은 네 개가 있으므로 마름모 십이면체 둘레를 감고 있는 이러한 띠도 네 개다. 그림 106b에는 그러한 띠를 펼친 것이므로 여기에도 조립모델을 안정시키기 위해서 두 개의 여분인 부분(그림에서는 구별하고 있다)이 더해져 있다.

여기에서 이 모델의 지그재그 띠를 만들기 위한 실질적인 과정을

에 상당한 개혁을 달성하였다. 교황 비오 4세의 조카인 그는 루카의 안셀모와 더불어 시성된 교황의 친인척 고위 성직자 가운데 한 사람이다.

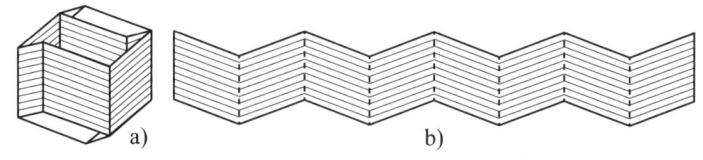

그림 106 마름모 십이면체 둘레의 지그재그 띠

언급해 두자. 대각선의 비가 $\sqrt{2}:1$인 마름모의 예각 쪽의 각 α는 $\alpha = \tan^{-1}\sqrt{8} \approx 70.53°$로 주어진다. 직사각형 모양의 종이를 세 번 굽혀서 접어 $8(=2^3)$층이 된 종이 띠로부터 예각 α로 잘라낸다(그림 107 참조). 자르는 도중에 어긋나지 않도록 하기 위해서는 '주된 접은 금'을 향하여 결국 그림 107에서 보는 화살표 방향으로 자르면 좋다. 마름모를 되감으면 바라던 지그재그 띠를 얻을 수 있다.

(OHP에 사용하는 모양의) 투명한 필름을 사용하면 아주 아름답다. 결정과 같은 모델을 얻을 수 있다. 특히 만일 3원색인 노랑, 빨강, 파랑 세 장의 투명 필름과 무색인 한 장을 사용하면 색의 조합을 멋지게 할 수 있다. 마름모 십이면체에서는 각각 대척의 위치에 있는 평행한 마름모의 면을 모두 볼 수 있는 여섯 개의 방향이 생긴다. 여섯 개 중 세 개의 경우에서는 무색의 띠가 원색의 띠와 겹쳐서 3원색의 마름모가 보인다. 다른 세 개의 경우에서는 두 원색이 겹쳐서 오렌지색, 연두색, 보라색의 혼합색이 보인다.

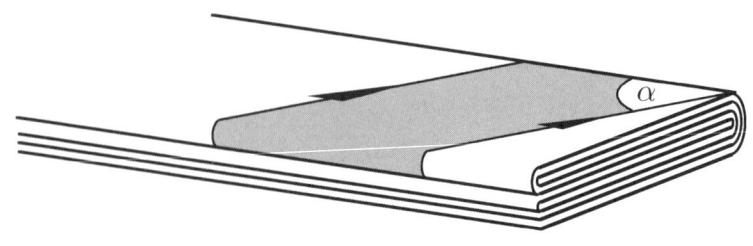

그림 107 종이 자르기 기술

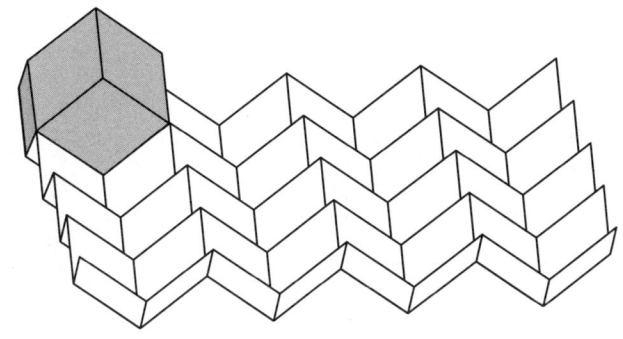

그림 108 예각의 계란 판

자, 조금만 수고를 하면 종이로 조립된 마름모 십이면체를 대량으로 만들 수 있기 때문에 마름모 십이면체의 공간 채우기를 보여줄 수가 있게 되었다. 이 성질을 보여주기 위해서 '계란 판'모양을 한 받침을 사용하면 편리하다. 그러한 받침은 그림 106b의 띠를 사용해서 만들 수도 있다. 그런 띠로부터 받침을 조립하는 방법에는 두 가지의 가능성이 있다(그림 108과 109 참조). 그렇지만 이런 다른 받침을 사용하여 생기는 공간 채우기는 합동으로 한쪽에서 다른 쪽으로 적당한 회전으로 합쳐진다.

그림 104b의 조립모델은 정육면체를 짜올리기 위한 유일한 방법은 아니다. 정육면체의 '경사진 띠 조립모델'(그림 110b 참조)은 그림 110

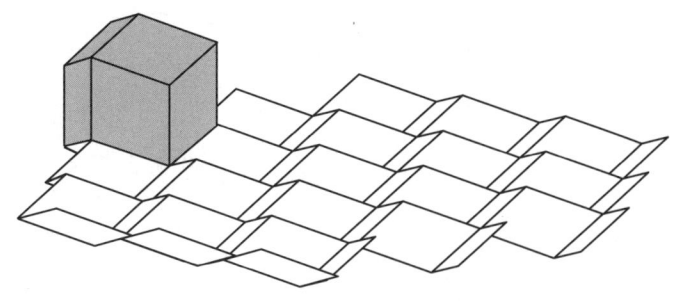

그림 109 둔각의 계란 판

6.3 마름모 입체 135

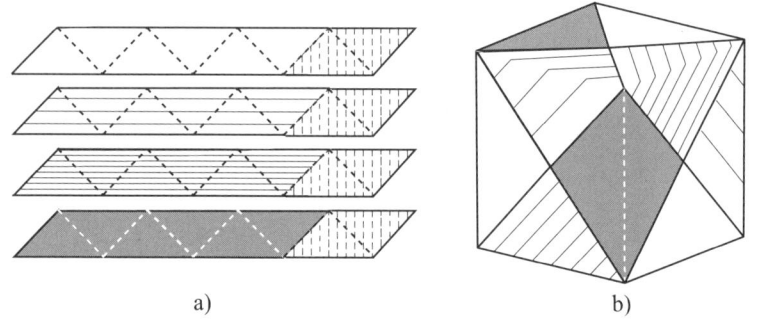

그림 110 정육면체의 경사 띠의 조립모델

a의 띠 넉 장으로 만들 수 있다. 이 조립모델의 구조는 마름모 십이면체의 경우와 같다.

6.3.3 마름모 삼십면체

이것은 마름모 십이면체를 만드는 순서와 비슷한데 이번에는 정이십면체의 각 면 위에 삼각피라미드를 놓는다. 그때 서로 만나는 피라미드의 삼각형 면이 합쳐져서 마름모가 되도록 놓아 본다. 정이십면체의 서른 개 모서리는 각각 이 마름모의 긴 대각선이 된다. 얻어지는 것은 서른 개의 마름모로 덮이는 입체로 이것을 마름모 삼십면체라고 부른다(그림 111a).

같은 모양으로 정십이면체의 면 위에 5각피라미드를 만들 수도 있고 같은 마름모 삼십면체를 얻을 수 있다(그림 111b). 서른 개의 정십이면체의 모서리는 마름모 면의 짧은 쪽 대각선이 된다.

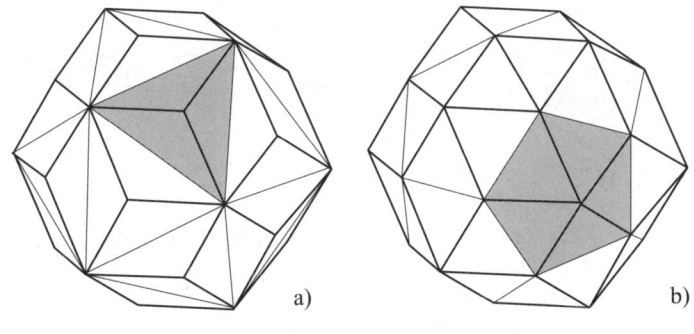

그림 111 마름모 삼십면체

마름모의 대각선의 길이 비를 확인하는 데는 마름모 삼십면체를 정면에서 바라본 그림이 필요하다(그림 112).

정면에서 보면 낱개의 마름모는 비뚤어져 보이지만 짧은 대각선 k나 긴 대각선 d도 쓰인 것은 실제 길이에 관하여 왜곡되어 있지 않다. 이 그림을 평면도형으로 보고 평면에서의 길이를 생각한다. 외접원의 반지름 r에 대해서는

$$r = \frac{k}{\tan 36°} = k\frac{\cos 36°}{\sin 36°}$$

가 성립하고 더욱이 길이 d에 대해서는

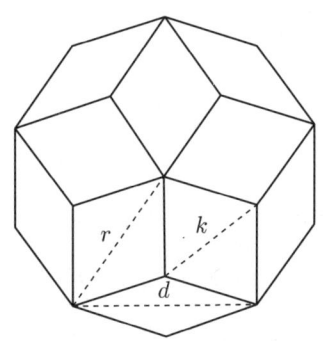

그림 112 정면에서 본 마름모 삼십면체

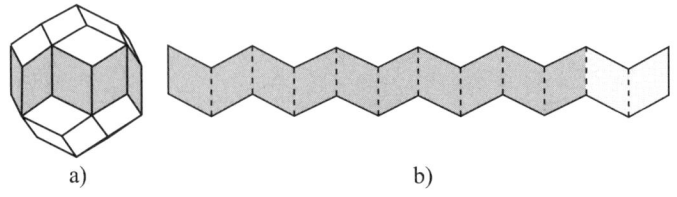

그림 113 마름모꼴 삼십면체에 대한 지그재그 띠

$$d = 2r\sin 36° = 2k\cos 36°$$

가 된다.

$\cos 36° = \dfrac{\tau}{2}$ 이므로(3.6절 참조) $d:k = \tau$ 이고, 따라서 마름모의 대각선은 황금비 관계에 있으며, 그런 이유로 '황금마름모'이라고 불러도 좋다. 황금마름모의 예각에 대해서는

$$\alpha = \tan^{-1} 2 \approx 63.435°$$

가 성립한다(이것은 그림 26에서 알 수 있다).

마름모 십이면체의 경우와 마찬가지로 마름모 삼십면체도 지그재그 식의 띠를 이용하여 조립모델로서 만들 수 있다. 여섯 개의 지그재그 띠가 마름모 삼십면체 둘레를 싸고 있다(그림 113a 참조). 이 지그재그 띠는 열 개의 황금마름모를 합한 것인데 그림 113b는 그런 띠의 전개 도이다.

6.3.4 마름모면체

마름모면체 또는 훨씬 엄밀하게 말하면 마름모육면체라는 것은 합동 인 여섯 개의 마름모로 둘러싸인 평행육면체, 즉 '비뚤어진 정육면체'를 말한다. 합동인 여섯 개의 마름모가 있을 때 서로 다른 두 개의 마름모 면체, 즉 '예각'과 '둔각'의 마름모면체의 가능성이 있다(그림 114 참조).

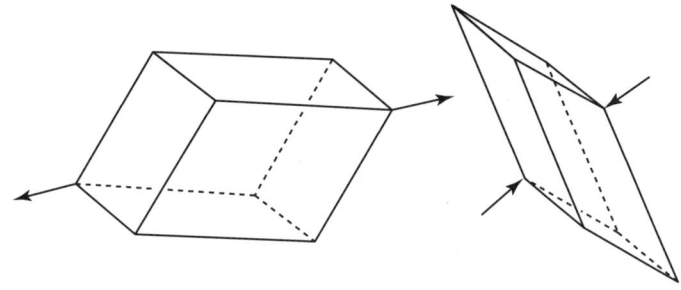

그림 114 예각과 둔각의 마름모면체

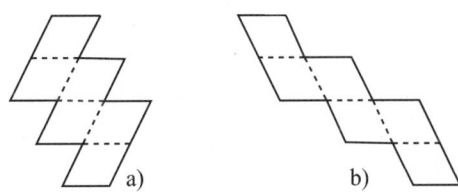

그림 115 예각과 둔각 마름모면체의 전개도

예각 마름모면체는 정육면체로부터 두 개의 대척 위치에 있는 꼭짓점을 강제로 떼어놓아서 생기는 것으로 생각할 수 있다. 이 두 꼭짓점에는 예각들만 모여 있고, 다른 여섯 개의 꼭짓점에는 두 마름모의 둔각과 한 마름모의 예각이 온다. 이것에 대응하여 정육면체의 두 대척 꼭짓점을 강제로 밀어 넣어서 둔각 마름모면체를 얻는다. 그 두 꼭짓점에는 둔각만 모여 있고, 다른 여섯 개의 꼭짓점에는 두 마름모의 예각과 한 마름모의 둔각이 온다.

그림 115a와 그림 115b에는 각각 예각 마름모면체와 둔각 마름모면체의 전개도를 보여주고 있다.

이들 전개도는 대응하는 정육면체의 전개도를 아핀적으로 비튼 것이다. 그러나 대응하는 정육면체의 전개도를 아핀적으로 비튼 것 같지 않은 마름모면체의 전개도도 존재한다(그림 116 또는 [Kow] p.25 참조).

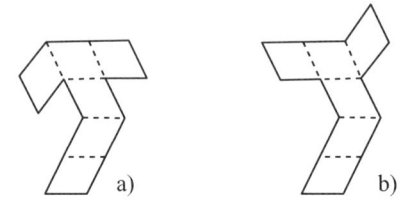

그림 116 예각과 둔각 마름모면체의 다른 전개도

문제 56. 예각 마름모면체와 둔각 마름모면체의 겉넓이는 당연히 같다. 그러면 부피는 어떤 관계가 있을까?

예각 마름모면체와 둔각 마름모면체는 다른 것이지만 같은 '지그재그'식인 띠를 사용한 조립모델로서 만들 수 있다(그림 117).

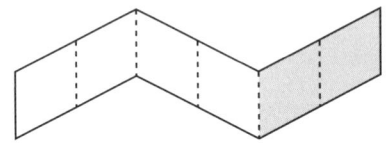

그림 117 마름모면체에 대한 지그재그 띠

다음 절에서는 마름모 삼십면체를 '황금마름모면체', 즉 황금마름모로 둘러싸인 마름모면체로 분할할 수가 있다는 것을 보기로 하자.

6.3.5 마름모 삼십면체의 분할

마름모 삼십면체는 황금마름모를 합친, 닫힌 지그재그식의 띠로 만들어져 있다. 그러나 아래에서 언급할 분할 과정은 마름모 삼십면체에 대해서만 아니고 일반적으로 닫힌 지그재그 띠를 만드는 평행사변형으로 둘러싸인 볼록 입체에 대해서도 유효하다.

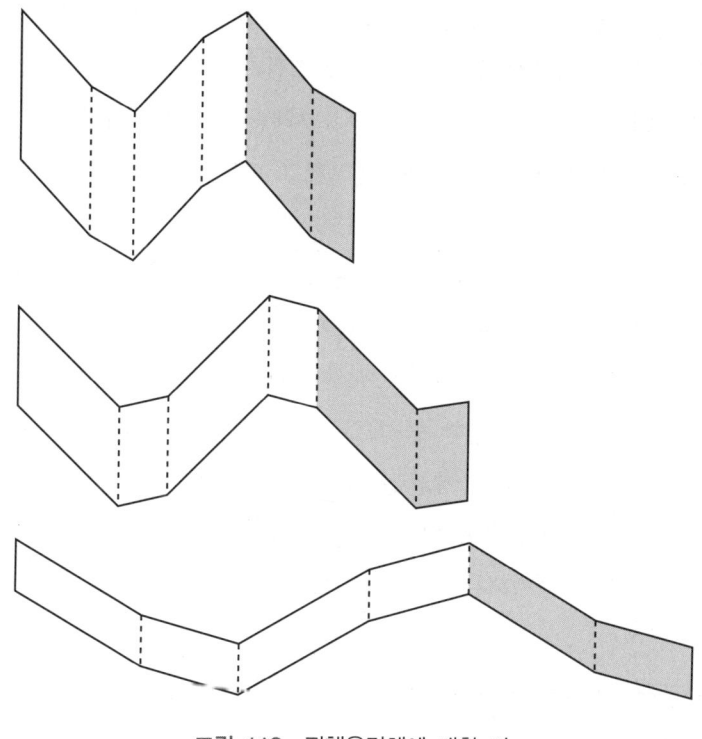

그림 118 평행육면체에 대한 띠

그러한 입체 중에서 가장 간단한 것은 평행육면체로 이것은 세 개의 띠로 만들어진다. 그림 118에서는 그러한 세 개의 띠의 예를 보여주고 있다.

문제 57. 세 개의 띠로 서로 다른 평행육면체를 몇 개나 만들 수 있을까?

평행사변형으로 둘러싸인 입체로서 적어도 네 개의 지그재그 띠로 만들어진 것은 다음과 같이해서 흩어지게 할 수 있다. 띠 한 개를 제거하고 남은 띠 각각으로부터 제거한 띠와 겹쳐 있던 대척 위치에 있는 두 개의 평행사변형을 제거한다. 더욱이 조립모델의 반은 '위쪽 띠'와 '아래쪽 띠'를 교환하여 다시 짤 필요가 있다. 그렇다는 것도 띠 한 개를 제거했기 때문에 조립모델 구조가 혼란스럽기 때문이다. 이 분해 단계에서 작아진 입체가 생겨 그것도 다시 분해할 수 있다. 이런 분해 과정을 계속하면 마지막에는 세 개의 지그재그 띠로 짜진 평행육면체에 이른다.

이러한 분해 단계는 기하학적으로는 아래와 같이 이해할 수 있다. 입체 표면의 '짜여진' 부분은 모서리 길이 하나 분만큼 안쪽으로 즉 제거되는 지그재그 띠가 평행사변형으로 찌그러지는 모서리 방향으로 평행하게 늘어진다. 이런 평행한 늘임으로 없어지는 입체 부분은 평행육면체로 세분할 수 있고 이런 세분된 각 평행육면체는 물체의 원래 표면에 하나 늘여지는 표면상에도 하나의 평행사변형을 가져 나머지 네 개의 평행사변형 면은 제거되는 지그재그 띠가 있는 평행사변형과 평행하며 또한 합동이다.

여기에서 이 분할 단계를 마름모 삼십면체에 적용해보자. 최초의 분할 단계에서는 다섯 개의 예각 황금마름모면체와 다섯 개의 둔각 황금마름모면체가 생기고, 나머지는 스무 개의 황금마름모로 둘러싸인 마름모 이십면체가 된다(그림 119a). 마름모 이십면체의 조립모델은 그림 119b와 같은 다섯 개의 지그재그 띠로 되어 있다. 이들 띠는 마름모 삼십면체용 지그재그 띠를 짧게 한 것, 즉 두 개의 대척 위치에 있는 마름

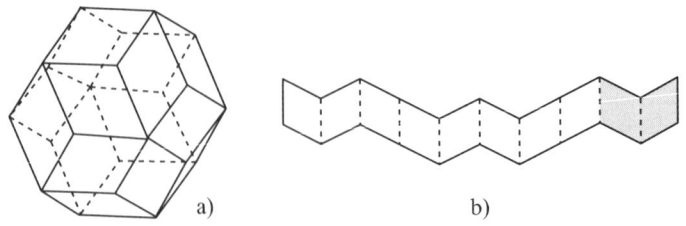

그림 119 마름모이십면체

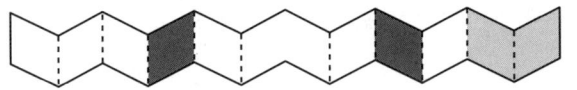

그림 120 대척 위치에 있는 검은 마름모가 제거된다

모를 제거함으로써 얻을 수 있다(그림 120 참조).

두 번째의 분할 단계에서 마름모 이십면체를 오그라뜨린다. 세 개의 예각 황금마름모면체와 세 개의 둔각 황금마름모면체가 생기고, 나머지는 열두 개의 황금마름모로 둘러싸인 입체가 된다. 이 입체를 '제2종의 마름모십이면체'(그림 121a)라고 부르는 것은 앞에서 얘기한 마름모십이면체와 구별하기 위한 것이다. 제2종의 마름모십이면체는 1960년에 비린스키[Bil]에 의해 처음으로 언급된 것이다. 비린스키는 이것도 다시 '공간 채우기 도형'이라는 것을 보였다.

제2종의 마름모십이면체의 조립모델에는 그림 121b와 그림 121c의 띠가 두 개씩 필요하다.

세 번째 마지막 분할 단계에서 제2종의 마름모 십이면체가 두 개의 예각 황금마름모면체와 두 개의 둔각 황금마름모면체로 나누어진다.

역으로 마름모 삼십면체의 분할에 나타나는 도형은 황금마름모면체로부터 만들 수 있다. 다음 표는 예각 황금마름모면체와 둔각 황금마름모면체가 몇 개나 필요한가에 대한 정보를 주고 있다.

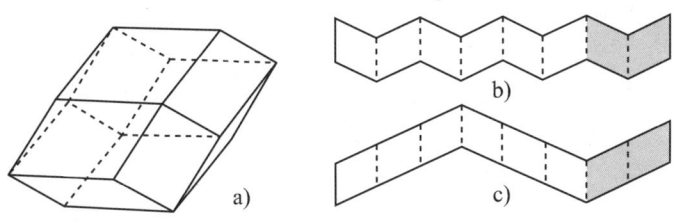

그림 121 제2종의 마름모꼴십이면체

황금마름모면체의 수

	예각	둔각	전체
마름모 삼십면체	10	10	$\binom{6}{3}=20$
마름모이십면체	5	5	$\binom{5}{3}=10$
마름모십이면체(제2종)	2	2	$\binom{4}{3}=4$
황금마름모면체			$\binom{3}{3}=1$

마름모 삼십면체를 위한 여섯 개의 지그재그 띠에 여섯 종류의 서로 다른 색을 사용하면 스무 개의 마름모면체의 3색 블록은 $\binom{6}{3}=20$종의 가능한 색 조합에 의하여 특징지울 수 있다. 이 조합론적인 성질은 다음과 같이 설명할 수 있다. 마름모 삼십면체의 모서리 방향은 꼭 여섯 종류가 있다. 그런 각 방향에 한 가지 색이 속해 있다. 그 색은 지그재그식 띠를 접어서 생기는 주변이 주어진 방향에 평행한 띠의 색이다. 마름모 이십면체에는 다섯 개 제2종 마름모 십이면체에는 네 개 황금마름모면체에는 세 개의 모서리 방향이 있다.

문제 58. 예각 황금마름모면체와 둔각 황금마름모면체의 이른바 2면각(한 모서리에 모이는 두 면 사이의 각)은 얼마나 클까?

문제 59. 마름모 삼십면체, 마름모 이십면체, 제2종 마름모십이면체, 예각 황금마름모면체와 둔각 황금마름모면체는 어떤 대칭성을 보일까?

6.3.6 초정육면체의 그림

초정육면체란 3차원의 정육면체에 대응하는 고차원에서의 도형이다. 그러한 초정육면체의 2차원에서의 그림은 다음과 같은 순서로 얻을 수가 있다(그림 122와 [Co1] p.123 참조). 한 점(0차원 정육면체)부터 시작하여 하나의 벡터를 따라서 미끄러진다. 시작점과 마지막 점으로 결정되는 선분(1차원 정육면체)을 다른 방향으로 움직이면 정사각형(2차원 정육면체)을 얻는다. 그림 122c에서 이정육면체는 비뚤어져 나타나고 있다. 다른 방향으로 움직여가면 잘 아는 3차원 정육면체(그림 122d)나 4차원 정육면체(그림 122e) 등을 얻을 수 있다.

차례차례로 만들어가는 이 과정은 앞 절에서 얘기한 분할 과정과 비교하여 역방향으로 나아간다. 정육면체로부터 6차원 초정육면체를 만드는 세 가지 단계는 마름모 삼십면체로부터 황금마름모면체로 분해하는

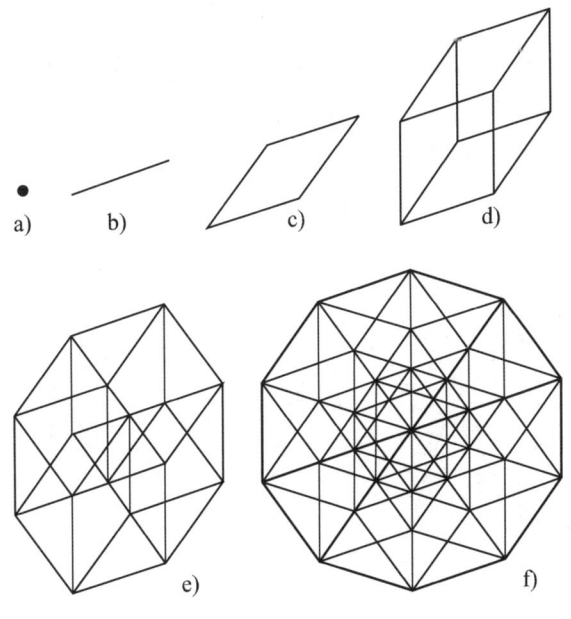

그림 122 초정육면체

세 가지 단계에 대응하고 있다. 마름모면체는 정육면체를 비뚤어진 상으로 볼 수 있기 때문에 마름모 삼십면체는 6차원 정육면체를 비뚤어진 상으로 해석할 수도 있다. 6차원 정육면체는 $2^6 = 64$개의 꼭짓점을 갖지만 마름모 삼십면체에는 32개의 꼭짓점밖에 없다. 이것은 중요한 점이지만 그것은 나머지 32개의 꼭짓점이 감추어져 있다는 것을 의미한다고 이해할 수 있다. 그것은 3차원 정육면체의 2차원의 그림에서는 일반적으로 한 꼭짓점이 숨어버리는 것과 마찬가지라고 생각하는 것이다. 똑같이 마름모이십면체는 5차원 정육면체(32개의 꼭짓점 중 22개가 보인다)의 상이고, 마름모십이면체는 4차원 정육면체(16개의 꼭짓점 중 14개가 보인다)의 상이다.

6.3.7 별모양 다면체

마름모 삼십면체가 열 개의 예각 황금마름모면체와 열 개의 둔각 황금마름모면체를 조합한 것으로 간주할 수 있다는 것을 살펴보았다. 여기에서 스무 개의 예각 황금마름모면체를 조합한 입체를 만들어보자. 준비를 위해서 먼저 정이십면체를 스무 개의 삼각피라미드로 분해한다. 이때 정이십면체의 각 꼭짓점과 정이십면체의 중심점을 연결한다(그림 123).

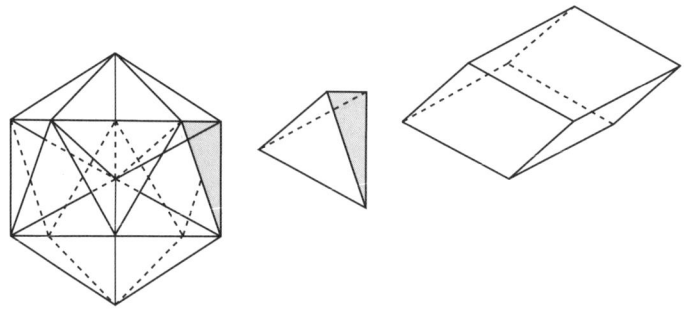

그림 123 삼각피라미드를 예각 황금마름모면체로 바꾼다

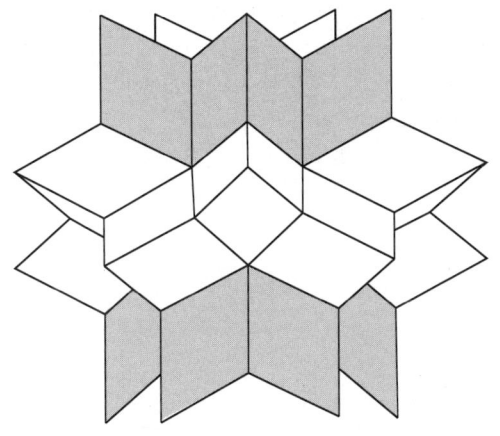

그림 124 마름모꼴 별모양 다면체

이들 피라미드면 사이의 각은 72°이다. 예각 황금마름모면체도 면 사이의 각은 같으므로 삼각피라미드를 예각 황금마름모면체로 바꿔놓을 수 있다.

이렇게 헤서 얻어지는 별모양의 입체(그림 124)는 스무 개의 예각 황금마름모꼴면체를 모은 것이다. 이것은 스무 개의 뾰족한 꼭짓점을 갖고 육십 개의 황금마름모꼴로 싸여 있다.

이 마름모꼴 별모양 다면체의 조립모델에는 마름모 삼십면체(그림 113b)와 같은 지그재그 띠가 꼭 두 배, 즉 12개가 필요하다. 별모양 다면체는 볼록이 아니므로 띠를 접는 방법도(아코디언처럼) 지그재그로 해야 한다.

그림 124는 이러한 띠가 별모양 다면체 둘레를 어떻게 싸고 있는지를 보여주고 있다. 띠는 '대원'과 같이 돌고 있는 것이 아니고 '소원'과 같이 별모양 다면체를 돌고 있다. 그렇다는 것은 별모양 다면체의 중심에 관하여 지그재그 띠를 점대칭한 것은 자기 자신과 겹치지 않고 어디에서든 이 띠와는 교차하지 않는 다른 띠가 된다. 따라서 조립모델을

만들 때 두 개의 띠에는 같은 색을 사용할 수 있다. 결국 마름모 삼십면체의 경우와 같이 같은 색의 황금마름모가 인접하지 않도록 여섯 개의 색을 솜씨 있게 사용할 수 있다.

CHAPTER

7

예와 문제

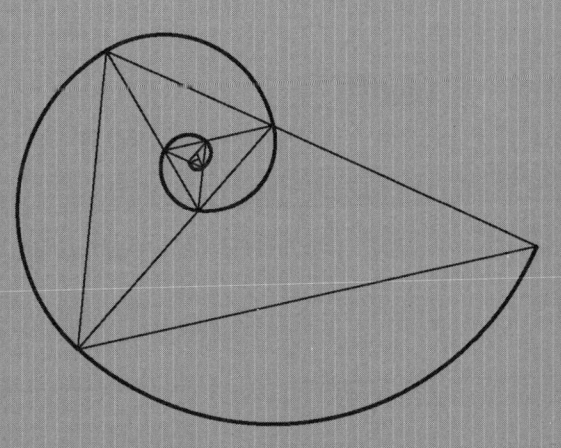

GOLDEN SECTION

이 장에서 생각하는 개별 예는 서로 독립적으로 조사해 갈 수 있도록 되어 있다. 해답을 실어둔 것도 있지만 독자들에게 미루는 것도 있다.

7.1 수 게임

│예 1│

양수 x 중에서 자신의 역수보다 1만큼 작은 것은 어떤 수인가? 조건

$$x+1 = \frac{1}{x}$$

로부터 $x^2+x-1=0$이 되고 양수의 해는 $\rho \approx 0.61803$이며, 역수는 $\frac{1}{\rho} = \tau \approx 1.61803$이 된다. 따라서 두 수의 '소숫점 이하'는 같다.

│예 2│

1이 아닌 양수 중에서 자신의 역수와 소수부분이 같은 것이 존재할까?(3.1절과 비교)

양수 x에서 역수보다 n만큼 작은 것을 찾기로 하면,

$$x+n = \frac{1}{x} \qquad (n \in \mathbb{N})$$

을 만족한다.

$x^2+nx-1=0$의 양의 해로

$$x = \frac{-n+\sqrt{n^2+4}}{2}$$

라는 값을 얻는다.

역수는

$$\frac{1}{x} = \frac{n + \sqrt{n^2+4}}{2}$$

가 된다.

다음 표에 해 몇 개를 실어 둔다. 자명한 $n = 0$의 경우도 넣어 둔다. 황금비는 자명하지 않은 최초의 경우이다.

n	수	역수
0	1	1
1	$\rho = \dfrac{-1+\sqrt{5}}{2} \approx 0.61803$	$\tau = \dfrac{1+\sqrt{5}}{2} \approx 1.61803$
2	$-1+\sqrt{2} \approx 0.41421$	$-1+\sqrt{2} \approx 0.41421$
3	$\dfrac{-3+\sqrt{13}}{2} \approx 0.30278$	$\dfrac{3+\sqrt{13}}{2} \approx 3.30278$
4	$-2+\sqrt{5} \approx 0.23607$	$2+\sqrt{5} \approx 4.23607$

예 3

제곱보다 1만큼 작은 것은 어떤 수인가?([Lau] p.173 참조)

조건 $x^2 = x+1$로부터 양수 해 τ를 얻는다. 제곱보다 $n \in N$ 만큼 작은 수에 대한 문제로부터 방정식 $x^2 = x+n$과 그의 양수 해

$$x = \frac{1+\sqrt{1+4n}}{2}$$

을 얻는다.

여기에서도 또한 황금비는 자명하지 않은 최초의 경우이다.

예 4 황금진수

우리들이 사용하고 있는 십진수(십진 기수법)는 10을 밑으로 만들어 진다. 숫자와 그 위치에 따라서 대응하는 10의 거듭제곱이 몇 번이나 그 수에 포함되어 있는지를 나타내고 있다. 예를 들면,

$$70215 = 70000 + 0000 + 200 + 10 + 5$$
$$= 7 \times 10^4 + 0 \times 10^3 + 2 \times 10^2 + 1 \times 10^1 + 5 \times 10^0$$

처럼 되어 있다.

기수법의 밑에는 임의의 자연수 $b > 1$을 사용할 수 있다. 십진수에 이어 잘 알고 있는 것은 2진수로 수 $b = 2$를 밑으로 하고 있다. 예를 들면 2진수인 $z = 10011011$은 십진수로는

$$z = 1 \times 2^7 + 0 \times 2^6 + 0 \times 2^5 + 1 \times 2^4 + 1 \times 2^3$$
$$+ 0 \times 2^2 + 1 \times 2^1 + 1 \times 2^0$$
$$= 128 + 0 + 0 + 16 + 8 + 0 + 2 + 1$$
$$= 155$$

가 된다.

확인하자: 2진소수인 1001101.1에는 십진소수 77.5가 대응하고 2진소수인 100110.11에는 십진소수 38.75가 대응한다.

일반적으로 b를 밑으로 하는 숫자 표기(b진수)에서는 0, 1, 2, ⋯, $b - 1$이라는 숫자만 사용한다.

여기에서 $b = \tau$를 밑으로 하는 숫자 표기를 생각해 보기로 하자. 이 '황금진수'에서는 주어진 수를 τ의 거듭제곱으로 전개해야 한다. 자연

수에 대해서는

십진수	전개	황금진수 표기
1	τ^0	1
2	$\tau^1 + \tau^{-2}$	10.01
3	$\tau^2 + \tau^{-2}$	100.01
4	$\tau^2 + \tau^0 + \tau^{-2}$	101.01
5	$\tau^3 + \tau^{-1} + \tau^{-4}$	1000.1001

과 같게 된다.

이 전개는 확실하게 한 가지 방법만은 아니다. 1이라는 수는

$$1 = \tau^{-1} + \tau^{-2}$$

이나

$$1 = \tau^{-2} + \tau^{-3} + \tau^{-4} + \cdots = \sum_{k=2}^{\infty} \tau^{-k}$$

와 같이도 전개할 수가 있다.

잘 생각해 보기 위하여: 3이라는 수는 황금진법에서는 100.01로도 쓸 수 있고 11.01로도 쓸 수 있다. ⋯ 100 ⋯ 과 ⋯ 011 ⋯ 이라는 숫자의 열은 황금진법에서는 항상 동치이다.

한 가지 전개법을 얻기 위해서는 항상 τ에 대하여 가능하면 큰 거듭제곱을 사용한다고 정하면 좋다. 그렇게 하면 아래의 표를 얻는다.

십진수	황금진수
0	0
1	1
2	10.01
3	100.01
4	101.01
5	1000.1001
6	1010.0001
7	10000.0001
8	10001.0001
9	10010.0101
10	10100.0101
11	10101.0101
12	100000.101001
13	100010.001001
14	100100.001001
15	100101.001001

문제 60. 표는 이후에 어떻게 계속될까? 이웃한 장소에 1이 두 개 연속해서 늘어지지 않은 것은 왜 그럴까?

1이 나타나는 방법에 관하여 극단적인 경우가 두 가지 있다.

(a) 1의 수가 극대. 1은 늘어 선 위치에는 오지 않으므로 1과 0은 교대로 있다. 예를들면 4나 11이 이 경우에 해당한다.

(b) 1이 처음과 끝에만 나타난다. 예를 들면 1, 2, 3, 7이 이 경우에 해당한다.

다음 표는 이들 극단적인 경우가 일어나는 앞쪽을 모은 것이다.

십진수	황금진수
1	1
2	10.01
3	100.01
4	101.01
7	10000.0001
11	10000.0001
18	1000000.000001
29	1010101.010101
47	100000000.00000001
76	101010101.01010101

문제 61. 수 2를 제외하면 이들 수는 모두 황금진수에서는 홀수 개의 숫자가 필요하다. 2를 뺀 이들 수 $\{1,\ 3,\ 4,\ 7,\ 11,\ 18,\ 29,\ 47,\ 76,\ \cdots\}$ 는 점화식 $a_{n+2} = a_{n+1} + a_n$ 을 만족하고 초기값은 $a_1 = 1$, $a_2 = 3$이다. 왜 그럴까?

이것도 일반 피보나치수열이다. 초항이 1인 이 열의 수를 '루카스 수'라고 부르고 있다.

문제 62. 분수 $\frac{1}{2},\ \frac{1}{3},\ \frac{1}{4},\ \frac{1}{5}$ 은 황금진수에서는 표시가 어떻게 될까?

7.2 기하 교점

문제 63. (a) 포물선 $y = x^2 - 1$과 직선 $y = x$의 교점은 어디인가? (그림 125a 참조)

(b) 쌍곡선 $y = 1 + \dfrac{1}{x}$과 직선 $y = x$의 교점은 어디인가?

문제 64. 원 $x^2 + y^2 = 3$과 쌍곡선 $xy = 1$은 어디에서 만나는가?

문제 65. 두 포물선 $y = a - x^2$과 $x = a - y^2$의 네 교점은 어떤 원 위에 있다는 것을 보여라. $a = 1$과 $a = 2$에 대하여 교점의 좌표는?

문제 66. 그림 125b의 정사각형에 아래쪽으로와 오른쪽으로의 포물선이 주어져 있다. 네 개의 교점이 어떤 원 위에 있다는 것을 보여라.

문제 67. 포물선 $y = x^2 - 1$과 쌍곡선 $y = \dfrac{1}{x} + 1$의 교점을 구하여라.

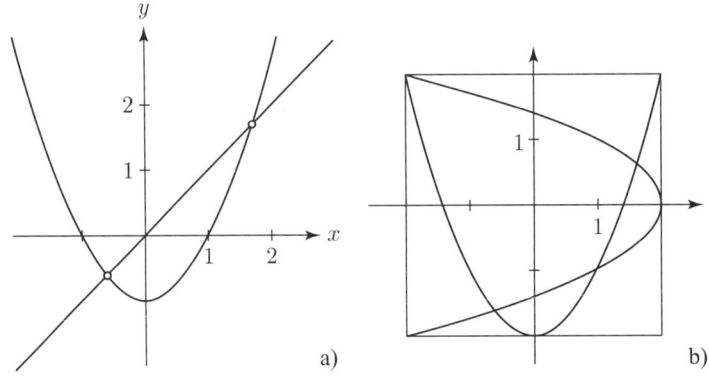

그림 125 포물선과의 교점

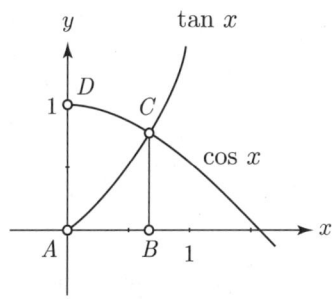

그림 126 $y=\cos x$와 $y=\tan x$의 그래프

문제 68. 곡선 $y = \cos x$와 $y = \tan x$의 교점과 교각을 구하여라(그림 126 참조. [Reu] p. 298).

문제 69. 그림 126의 영역 $ABCD$의 넓이는 얼마나 큰가?

문제 70. 모서리 길이가 1인 다섯 개의 정사각형으로 된 십자형에 어떤 정사각형이 겹쳐져 있다. 정사각형의 넓이와 십자형으로 둘러싸인 넓이가 같다고 한다(그림 127a 참조). 제시된 길이 x를 구하여라.

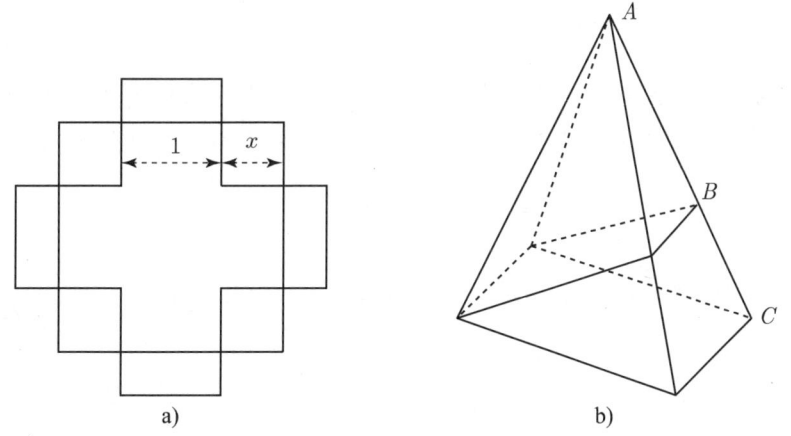

그림 127 같은 크기를 둘러싸는 도형

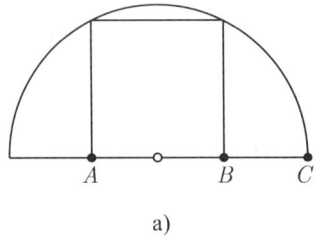 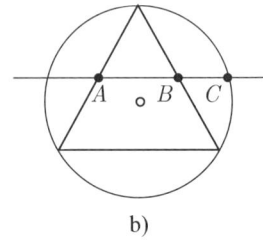

a) b)

그림 128 원 안의 황금비

문제 71. 직사각형을 밑면으로 하는 피라미드가 밑면의 한 모서리를 포함하는 평면에서 부피가 같은 부분으로 분해되었다고 한다(그림 127b 참조). 비 $AB:BC$를 구하여라.

문제 72. 정사각형이 반원에 내접하고 있다(그림 128a 참조). 비 $AB:BC$를 구하여라.

문제 73. 정삼각형의 외접원을 그리고 두 모서리의 중점을 잇는 직선을 긋는다(그림 128b 참조). 점 B는 선분 AC를 어떻게 분할하는가? (죠지 오돔에 의한 황금비의 작도 [B/P] PP.22, 23.)

문제 74. 빗변이 $c=1$인 직각삼각형에서 다른 모서리 길이 b가 그림 129 a에 있는 빗변의 일부의 길이 p와 같다고 한다. 이때 $b=p=\rho$인 것을 보여라.

이 삼각형으로부터 다음의 등식이 얻을 수 있다.*

---

* 이 식으로부터 $a=\sqrt{1-b^2}=\sqrt{1-\rho^2}=\sqrt{\rho}$, $b=\rho$인 것을 알 수 있다.

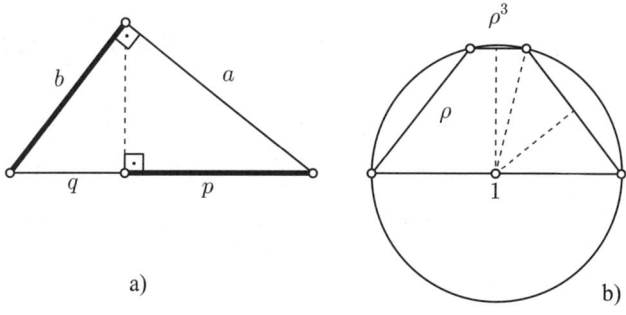

그림 129 직각삼각형과 등변사다리꼴

$$\sin^{-1}\rho + \sin^{-1}\sqrt{\rho} = \frac{\pi}{2}.$$

예 5

윗 모서리가 ρ^3 아래 모서리가 1 양옆의 모서리가 ρ인 등변사다리꼴의 외접원의 중심은 아래 모서리 위에 있다(그림 129b 참조). 이것으로부터

$$2\sin^{-1}\rho + \sin^{-1}\rho^3 = \frac{\pi}{2}$$

를 얻는다.*

---

* 지름이 1인 것에 주의하면 반지름은 $\frac{1}{2}$이므로 원의 중심에 있는 직각을 점선을 따라서 나누면 된다.

7.3 극값 문제

문제 75. 내접원의 반지름이 1인 이등변삼각형에서 등변의 길이가 최소인 것을 생각한다. 밑변의 높이는 얼마인가?([Reu] p.299)

문제 76. 주어진 길이의 등변을 갖는 이등변삼각형에서 내접원의 반지름이 최대인 것을 생각한다. 내접원의 반지름의 크기는 얼마인가?

문제 77. 모서리의 비가 $\lambda:1$인 직사각형을 어떤 원에 내접시키고 그것을 중심 둘레에 $90°$ 회전시킨다. λ가 얼마일 때 두 직사각형의 합(십자모양)으로 둘러싸인 넓이가 최대로 될까?

문제 78. 어떤 구면에 내접하는 직원기둥 가운데 겉넓이가 최대인 것을 생각한다([Reu] p.299). 이때 밑면의 반지름과 높이는 크기가 얼마일까?

문제 79. 가로의 폭이 1인 직사각형 가운데 그림 130a와 같이 빗변이 아닌 모서리의 비가 $2:1$인 직각삼각형이 내접하고 있다. 매개변수 p가 어떤 값일 때 삼각형의 넓이와 직사각형의 넓이의 비가 최소가 될까?

문제 80. 가로의 폭이 1인 직사각형 가운데 그림 130b와 같이 빗변이 아닌 모서리의 비가 $2:n$인 직각삼각형이 내접하고 있다. 매개변수 p가 어떤 값일 때 삼각형의 넓이와 직사각형의 넓이의 비가 최소가 될까?

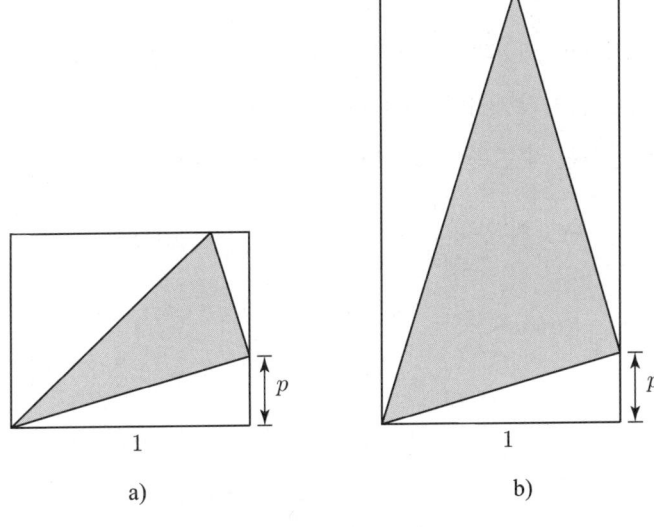

a) b)

그림 130 삼각형의 넓이 비율을 최소화한다

7.4 황금확률

예 6

먼저 다음의 '불공평한' 게임을 생각한다. A와 B 두 사람이 교대로 동전을 던진다. A부터 던지기 시작하고 먼저 '겉'이 나오는 사람이 이긴다.

A가 이길 기회가 크기 때문에 이 게임은 분명히 불공평한 게임이다. 던져서 겉이 나올 확률을 p로 나타내면 A가 이길 확률은

$$P(A\text{의 승리}) = p + (1-p)^2 p + (1-p)^4 p + \cdots$$
$$= \frac{p}{1-(1-p)^2} = \frac{1}{2-p}$$

이 된다.

$p = \frac{1}{2}$였다면 $P(A$의 승리$) = \frac{2}{3}$가 된다. 그래서 게임을 조금 바꿔 A부터 게임을 시작하지만 A가 한 번 던질 때 B는 두 번 던지기로 한다. 결국 던지는 순번은 $ABBABB\cdots$이다. 그러면,

$$P(A\text{의 승리}) = p + (1-p)^3 p + (1-p)^6 p + \cdots$$
$$= \frac{p}{1-(1-p)^3}$$

가 된다.

$p = \frac{1}{2}$였다면 $P(A$의 승리$) = \frac{4}{7}$가 된다. 그래도 아직 게임은 불공평하고 A쪽이 유리하다. A부터 게임을 시작하는 한 $p \geq \frac{1}{2}$의 경우는 항상 이렇게 된다. 그래서 p를 작게 해서 공평한 게임이 되도록 해 보자. 확률이 $p < \frac{1}{2}$는 것은 완전한 동전으로는 불가능하지만 예를 들어 회전하는 과녁이라면 가능하다. 공평한 게임이라면 $P(A$의 승리$) = \frac{1}{2}$이므로,

$$\frac{p}{1-(1-p)^3} = \frac{1}{2}$$

이다.

이것은 삼차방정식 $2p = 1 - (1-p)^3$이므로 세 개의 근은

$$p_1 = 0,\ p_2 = \frac{1}{2}(3+\sqrt{5}),\ p_3 = \frac{1}{2}(3-\sqrt{5})$$

이다. 물론 해 $p_1 = 0$은 거짓 해이다. $0 < p < \frac{1}{2}$이므로 p_3이 구하는 해이고 이것이 찾고 있던 확률이다. 간단한 계산으로,

$$p_3 = \frac{1}{2}(3-\sqrt{5}) = \rho^2 = 1-\rho$$

가 된다. 이렇게 해서 매 회의 성공하지 못할 확률이 p라면 게임은 공평하게 된다.

예 7

아쉽겠지만 p를 바꿈으로써 $ABABAB\cdots$라는 열의 게임을 공평하게 할 수는 없다. 공평하기 위한 조건

$$P(A\text{의 승리}) = \frac{1}{2-p} = \frac{1}{2}$$

로부터는 $p=0$이 되어 버린다. 이런 게임에는 매력이 없다.* 그렇지만 게임을 바꾸어 과녁에 이기는 영역을 A와 B가 다르게 할 수는 있다 (그림 131). A의 차례일 때는 A의 영역에 맞았을 때만 A가 이기고 B의 차례일 때는 과녁이 B의 영역에 맞았을 때만 B가 이기는 것으로 한다. 영역 A의 넓이와 원의 넓이와의 비를 p라 하자. 그러면

$$P(A\text{의 승리}) = p + (1-p)p^2 + (1-p)^2 p^3 + \cdots$$
$$= \frac{p}{1-(1-p)p}$$

가 된다.

공평하기 위한 조건은

---

* 실제로 $p=0$이라면 $P(A\text{의 승리})=0$이 되는데, 이때는 A도 B도 모두 이길 수가 없다! $p=0$일 때는 이 된다는 것보다 겉이 나올 확률이 0이 된다는 것인데, 따라서 어디까지나 승패가 결정되지 못한다는 것이다.

$$P(A\text{의 승리}) = \frac{p}{1-(1-p)p} = \frac{1}{2}$$

로 $p^2 - 3p + 1 = 0$이 된다. $0 < p < 1$에 대해서는 이 조건은

$$p = \frac{1}{2}(3 - \sqrt{5}) = \rho^2 = 1 - \rho$$

일 때 만족하고 있다. 따라서 과녁의 영역은 황금분할의 비로 나누어지지 않으면 안 된다(B가 큰 쪽이라는 것을 주의해야 한다).

예 6과 7은 베덴스빌(스위스)의 한스유르그 스토커로부터 전해 받은 것이다.

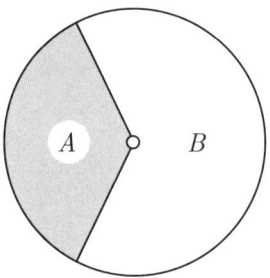

그림 131 과녁(다트)

문제의 답

■ 아래에 본문에서 번호가 붙어 있는 문제의 답을 실어 둔다.

문제 1. 정육각형의 그물(벌집의 칸)이 생긴다.

문제 2. 축소율은 $f = \dfrac{\sqrt{2}}{2}$ 이다.

문제 3. 축소율은 $f = \dfrac{1}{2}$ 이다.

문제 4. 그림 10: 차원 $D = 2$. 그림 11: 차원 $D = \dfrac{\log 3}{\log 2} \approx 1.5850$.

문제 5. 답은 물론 다양하다.

문제 6. 그림 16의 4분의 1이 그림 11의 윤곽에 대응한다.

문제 7. 그림 10의 프랙털에서의 축소율은 $f = \dfrac{\sqrt{2}}{2}$ 이지만 그림 20의 프랙털에서는 $f = \rho$ 이다.

문제 8. 그림 22와 같다.

문제 9. 그림 23의 두 꼭짓점 도형(룬)의 꼭짓점은 그림 22의 정사각형의 중점에 대응하고 있다.

문제 10. 그림 24 작도의 반복으로부터 공비가 τ인 등비급수를 얻을 수 있다.

문제 11. 그림 26의 작도를 반복한다.

문제 12. 내접원의 반지름= ρ

문제 13. 격자의 길이가 1이므로 $|AB|= 3\rho$. 계산은 삼각형 ABD에 대하여 코사인정리를 사용한다.

문제 14. 빗변이 $\sqrt{2}$ (원의 반지름)이고 빗변이 아닌 모서리 중 하나가 $\frac{\sqrt{3}}{2}$ (삼각형의 높이)인 직각삼각형의 다른 한 모서리 길이는 $\frac{\sqrt{5}}{2}$가 된다. 이것으로부터 주장이 나온다.

문제 15. 길이가 τ인 대각선은 길이가 ρ, ρ^2, ρ인 세 선분으로 나누어진다.

문제 16. 그림 35a와 그림 35c에서는 그림 24의 황금비 작도가 사용되고 있고 그림 35b에서는 그림 26의 작도가 사용되고 있다.

문제 17. 옳다. 이 작도는 그림 30과 일치한다.

문제 18. 그림 3은 $f = \rho$, 그림 37은 $f = \rho^2$, 그림 38은 $f = \rho^2$, 그림 39는 $f = \rho$.

문제 19. 가로가 1이고 세로가 ρ인 황금직사각형일 때 $|AB|=|BC|=|CD|=\frac{\rho}{\sqrt{1+\rho^2}}$이 된다. 지그재그 길은 길이가 같은 부분으로 되어 있다.

문제 20. 중앙의 점은 기울기가 $-\frac{1}{3}$과 3인 직교하는 두 직선 위를 교대로 여기저기 돌아다닌다.

문제 21. 추론은 틀렸다. 순서에 끝이 있으면 수는 통분가능하다. 그러나 이것으로부터 순서가 끝나지 않으면 수가 통분이 불가능하다는 것은 얘기할 수 없다.

문제 22. 기본적으로는 임의의 점열을 지나 '바스켓 곡선' 즉 주어진 점에서 부드럽게 이어지는 원호의 열을 그릴 수 있다. 그림 60a에서는 60°와 120°의 원호를 교대로 그릴 수 있고 그림 60b에서는 120°의 원호 열을 그릴 수 있다.

문제 23. 선분 F_1A는 격자 단위의 2τ배이다.

문제 24. 윗변의 길이는 아랫변의 τ배이다.

문제 25. 옳은 사마리아 매듭은 수직선에 관하여 선대칭으로 색이 배치된 육각형이 생기지만 가짜 사마리아 매듭은 교대로 색이 변하는 구역을 갖는 육각형이 생긴다.

문제 26. 정삼각형의 빗면을 가지는 바닥이 없는 5각피라미드의 윤곽이 나타난다.

문제 27. 그림 26을 따른 작도.

문제 28. Q를 지나고 M을 중심으로 하는 원과 직선 PO와의 교점에 의해 빗변이 p이고 밑변이 $\frac{1}{2}$인 직각삼각형을 얻는다. 그림 78의(9) 그림의 M에서의 각 α는 $\cos\alpha = \frac{1}{2\rho}$이 되므로 이것으로부터 $\alpha = 36°$를 얻는다.

문제 29. 귀퉁이 모서리의 수선에 수직으로 36°의 매듭을 붙여라.

문제 30. 빗변이 1이고 밑변이 $\frac{1}{2}$인 직각삼각형을 접으면 좋다.

문제 31. m이 n의 배수라면 $a_n|a_m$이다.

문제 32. 수열을 $\{a_n\}$으로 나타내면 $a_{n+2} = 3a_{n+1} - a_n$이 된다.

문제 33. 주기가 6으로 주기적이 된다.

문제 34. 유한 회의 단계 다음은 단순히 c, c, 0을 반복한다. 여기에서 c는 두 개의 초기값의 최대공약수이다.

문제 35. $b_n = c(1 - \sqrt{2})^n$ 모양의 열.

문제 36. $c_n = c(1 \pm \sqrt{2})^n$ 모양의 열.

문제 37. 조상인 전체 수 a의 조상 수 b의 조상 수는 모두 점화식 $a_{n+2} = 2a_{n+1} + a_n$을 만족한다.

문제 38. 이들 피타고라스 삼각형의 빗변이 아닌 모서리의 비는 거의 1:2이고 필연적으로 황금비 작도에 관계한다.

문제 39. m차방정식

$$x^m = p_1 x^{m-1} + p_2 x^{m-2} + \cdots + p_{m-1} x + p_m$$

의 해 t의 거듭제곱 t^n은

$$t^n = a_{1,n} t^{m-1} + a_{2,n} t^{m-2} + \cdots + a_{m-1,n} t + a_{m,n}$$

이라는 형식으로 나타낼 수 있다. 그때 열 $\{a_{j,n}\}$, $j = 1, 2,$ $\cdots, m$은 같은 점화식

$$a_{j,n+m} = p_1 a_{j,n+m-1} + p_2 a_{j,n+m-2} + \cdots$$
$$p_{m-1} a_{j,n+1} + p_m a_{j,n}$$

을 만족한다.

문제 40. 경우 (a)에서는 $\lim_{n \to \infty} c_n = -2$이고 경우 (b)에서는 $\lim_{n \to \infty} c_n = 3$

이 된다.

문제 41. (a) $c_1=-3$과 $c_1=2$에 대하여 수열은 일정하다. 값 -3은 안정이고 값 2는 불안정이다.

(b) 값 $\pm\sqrt{6}$에 대하여 수열은 일정하다. 임의의 값 $a\neq 0$, $\pm\sqrt{6}$에 대하여 주기 2인 수열 $\left\{a,\ \dfrac{6}{a},\ a,\ \dfrac{6}{a},\ \cdots\right\}$을 얻는다.

문제 42. (1) 주기 6 반주기 3(즉 $a_{n+3}=-a_n$)

(2) $a_{n+4}=-4a_n$.

(3) 주기 8 반주기 4.

(4) 주기 5.

(5) 주기 12 반주기 6.

(6) 등차수열.

(7) 잘 알 수 없는 패턴.

문제 43. 어떤 초기값 $w_1\geq -1$에 대해서도 극한값은 τ이다.

문제 44. (a) 극한값은 갖지 못하며 주기열 $\{1,\ 0,\ 1,\ 0,\ \cdots\}$이 된다.

(b) 극한값은 ρ.

문제 45. $w=\dfrac{p+\sqrt{p^2+4q}}{2}$ (w는 양수라야 한다).

문제 46. 정십이면체: 높이의 수준은 $0,\ \rho^2,\ \rho,\ 1$이다. 정이십면체도 같다.

문제 47. 5.

문제 48. 밑면의 삼각형을 수준 0으로 하고 천정의 삼각형을 수준 1로 한다. 그때 밑면의 삼각형에 평행하고 τ배로 확대한 삼각형은 수준이 ρ이다.

문제 49. 축소율은 ρ^2이다.

문제 50. 정이십면체의 꼭짓점은 팔면체의 모서리를 황금비로 분할한다.

문제 51. 정십이면체의 꼭짓점은 정팔면체의 모서리를 $\rho^2 : 1$로 분할한다.

문제 52. 정십이면체의 '위 모서리'는 정육면체의 면인 정사각형(모서리 길이는 1이라 한다)에 관하여 높이가 $\frac{\rho}{2}$이고 길이는 ρ이다.

문제 53. $\tan^{-1}\sqrt{2} \approx 54.7426°$.

문제 54. 그물의 폭이 $\sqrt{2}$인 정사각형 그물.

문제 55. 위상적으로 동치이다.

문제 56. 둔각의 마름모면체 쪽이 부피는 작다. 만일 마름모면의 예각이 $60°$보다 작으면 예각의 마름모면체만 존재한다.

문제 57. 두 가지 모양이 있다. 하나는 평행사변형의 예각만 모이는 대척 위치에 있는 두 꼭짓점을 포함하는 '예각'의 평행육면체이고 다른 하나는 평행사변형의 둔각만 모이는 대척 위치에 있는 두 꼭짓점을 포함하는 '둔각'의 평행육면체이다. 각각의 모양에 대하여 두 가지의 조립법이 있고 그것은 개개의 면을 덮을 때 '위'와 '아래'를 반대로 한 것이다.

문제 58. 예각 황금마름모면체에서는 $72°$. 둔각 황금마름모면체에서는 $36°$.

문제 59. 마름모 삼십면체: 정이십면체나 정십이면체와 같다.

마름모이십면체: 점대칭 5중 축대칭 다섯 개의 2중 축대칭 다섯 개의 면대칭.

제 2종 마름모십이면체: 직육면체와 같다. 점대칭 세 개의 2중 축대칭(서로 수직) 세 개의 면대칭(서로 수직), 예각 황금마름모면체: 점대칭 3중 축대칭 세 개의 2중 축대칭.

문제 60. 최초 부분은 독자들에게 맡긴다. 둘째 부분은 … 100 … 과 … 011 … 의 동치성과 항상 τ의 가능한 최대 거듭제곱을 사용한다는 요청으로부터의 귀결이다.

문제 61. 이것은 황금진수로 수를 표현한다든지 더한다든지 하는 규칙으로부터 알 수 있다.

문제 62. 답은

$$\frac{1}{2} = 0.\overline{010}, \quad \frac{1}{3} = 0.\overline{00101000},$$

$$\frac{1}{4} = 0.\overline{001000}, \quad \frac{1}{5} = 0.\overline{00010010101001001000}$$

이 된다. 위의 선은 물론 그 부분이 순환한다는 것을 나타낸다.

문제 63. (a) (τ, τ)와 $(-\rho, -\rho)$.
(b) (τ, τ)와 $(-\rho, -\rho)$.

문제 64. $(\tau, \rho), (-\tau, -\rho), (\rho, \tau), (-\rho, -\tau)$.

문제 65. 네 교점의 좌표는

$$\left(\frac{-1+\sqrt{1+4a}}{2}, \frac{-1+\sqrt{1+4a}}{2}\right),$$

$$\left(\frac{-1-\sqrt{1+4a}}{2}, \frac{-1-\sqrt{1+4a}}{2}\right),$$

$$\left(\frac{-1-\sqrt{-3+4a}}{2},\ \frac{-1+\sqrt{-3+4a}}{2}\right),$$

$$\left(\frac{1+\sqrt{-3+4a}}{2},\ \frac{1-\sqrt{-3+4a}}{2}\right)$$

이다. 이들 점은 방정식

$$\left(x+\frac{1}{2}\right)^2+\left(y+\frac{1}{2}\right)^2=\frac{1+4a}{2}$$

로 주어지는 원 위에 위치한다. 이 방정식은 또 원래의 두 방정식을 더하기만 해도 얻을 수 있다. $a=1$인 경우 네 점은 (ρ, ρ), $(-\tau, -\tau)$, $(0, 1)$, $(0, 1)$이다. $a=2$인 경우 네 점은 $(1, 1)$, $(-2, -2)$, $(-\rho, \tau)$, $(\tau, -\rho)$이다.

문제 66. 네 개의 교점 $(1, -1)$, (τ, ρ), $(-2, 2)$, $(-\rho, \tau)$는 방정식

$$\left(x+\frac{1}{2}\right)^2+\left(y-\frac{1}{2}\right)^2=\frac{9}{2}$$

를 갖는 원주 위에 있다(이 방정식은 두 개의 포물선의 방정식 $x^2=y+2$와 $y^2=-x+2$를 그냥 더하면 얻는다).

문제 67. $(-1, 0)$, (τ, τ), $(-\rho, -\rho)$이다.

문제 68. $(\sin^{-1}\rho, \sqrt{\rho})$이고 $90°$로 교차한다.

문제 69. ρ.

문제 70. $x=\rho$.

문제 71. B는 AC를 황금분할한다.

문제 72. B는 AC를 황금분할한다.

문제 73. B는 AC를 황금분할한다.

문제 74. 모서리 b는 a를 지름으로 하는 원에 접하기 때문에 $b^2 = qc = (c-p)c$가 된다. $c=1$, $b=p$에 대하여 이 등식은 $p^2 = 1-p$가 되므로 답을 얻을 수 있다.

문제 75. 밑변의 높이$= \tau^2$.

문제 76. 내접원의 반지름$= \rho \sqrt{\sqrt{5}-2}$.

문제 77. $\lambda = \rho$에 대하여.

문제 78. $r = \left(\dfrac{5+\sqrt{5}}{10}\right)^{\frac{1}{2}}$ 또한 $h = 2\left(\dfrac{5-\sqrt{5}}{10}\right)^{\frac{1}{2}}$ 이 되므로 $\dfrac{h}{2r} = \rho$이다.

문제 79. $p = \rho$에 대하여.

문제 80. $p = \dfrac{-n + \sqrt{n^2+4}}{2}$ 에 대하여 최소가 된다.

해답 이해돕기

▶ **3쪽 각주.** 유클리드에 의한 황금비에 대한 정의를 나타내는 그림이다.

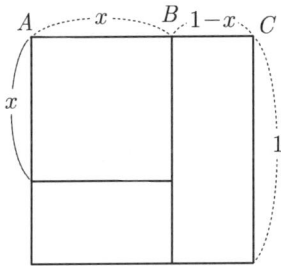

▶ **5쪽 그림 5.** 이 그림에서는 $AB:AC = A'B':A'C' = \alpha\,(0 < \alpha < 1)$와 $D'B' = B'C'$일 때, AB', BD', CA'이 한 점에서 만난다는 사실과 $\alpha = \rho$가 동치라는 것이다. 여기에서 사용할 수 있는 기하학적 정리는 AC와 $A'C'$이 평행하고 AB', BD', CA'가 한 점에서 만나면 대응하는 선분의 비가 같고, 이 경우에 $AB:AC = B'D':B'A'$이 되는 것이다. 이 사실은 삼각형의 닮음을 이용하면 알 수 있다.

그럼, $A'C = x$라 두면, $A'B' = \alpha x$이고 $D'B' = B'C = A'C - A'B' = (1-\alpha)x$이다. 한 점에서 만나므로

$$\alpha = \frac{AB}{AC} = \frac{B'D'}{B'A'} = \frac{(1-\alpha)x}{\alpha x} = \frac{1-\alpha}{\alpha}$$

가 된다. 즉, $\alpha^2 = 1 - \alpha$이며, ρ에 대응하는 정의의 방정식을 얻는다.

역으로, $\alpha = \rho$로부터 비례식이 결국 한 점에서 만난다는 것을 알 수 있다.

▶ **문제 13.** $|DB|=|DE|=2\sqrt{3}=2|DA|$인 것은 쉽게 알 수 있다. 점 D에서 직선 AC에 내린 수선의 발을 H라 하면, $2|DH|=|DA|=\sqrt{3}$ 이다. 이것으로부터 ∠ADH와 ∠BDH의 사인값과 코사인값이 구해지고, 덧셈정리로부터 $\cos \angle BDA = \dfrac{1+3\sqrt{5}}{8}$가 된다. 더욱이 코사인 정리로부터 $|AB|^2 = \dfrac{27-9\sqrt{5}}{2} = (3\rho)^2$인 것을 알 수 있다.

▶ **문제 14.** 그림 30에서 τ는 물론 삼각형의 모서리 길이는 아니고, 검은 점에서 검은 점까지의 길이다. 그러므로 한 모서리의 길이가 $\tau - \rho = 1$을 알고 있고, 해답의 계산에서 현의 길이가 $\tau + \rho = \sqrt{5}$ 라는 것이다.

▶ **문제 15.** 삼각형의 바깥에 있는 부분의 길이가 같으며 $|BC| = \rho$인 것은 그림 32로부터 알 수 있다. 그림 33으로부터 $|AD| = \dfrac{1}{\rho} = \tau$이므로 나머지는 $\tau - 2\rho = 1 - \rho = \rho^2$을 보이면 된다.

▶ **문제 16.** 어느 경우도 다각형의 모서리 길이가 $\sqrt{1+\rho^2} = \sqrt{4-\tau^2}$ 인 것을 확인할 수 있다.

▶ **문제 20.** 제1세대의 정사각형의 중앙점 좌표는 $\left(\dfrac{\rho}{2}, \dfrac{\rho}{2}\right)$이고, 제 3세대의 정사각형의 중앙점 좌표는 $\left(1-\dfrac{\rho^3}{2}, \dfrac{\rho^3}{2}\right)$이다. 이 두 점을 잇는 직선의 기울기는

$$\frac{\frac{\rho^3}{2}-\frac{\rho}{2}}{1-\frac{\rho^3}{2}-\frac{\rho}{2}}=\frac{\rho^3-\rho}{2-\rho^3-\rho}=\frac{\rho-1}{3-3\rho}=-\frac{1}{3}$$

이 된다. 뒤는 닮음의 성질을 사용한다.

▶ **문제 22.** $d)$는 $c)$의 직각이등변삼각형으로의 분해 방법을 나타낸 것이다. 90°인 원호의 열을 그려갈 수 있지만, 원의 중심은 각 직각이등변삼각형의 빗변의 중점이다.

▶ **카세트테이프 문제(61쪽).** $x = {}^t(p, x')$이라 하고 $A = \begin{pmatrix} 2 & 1 \\ 1 & 1 \end{pmatrix}$이라 두면, 방정식은

$$ {}^t x A x = R^2 + \tau^2$$

이 된다. A의 고유방정식은 $(2-\lambda)(1-\lambda) = \lambda^2 - 3\lambda + 1 = 0$이므로, 이 방정식을 풀면 $\lambda_1 = \tau^2$, $\lambda_2 = \rho^2$를 얻는다. $A x_i = \lambda_i x_i$를 풀면, x_i의 방향으로서 고유방향 ϕ_i는

$$\tan\phi_1 = \rho, \quad \tan\phi_2 = -\tau$$

를 얻는다(본문과는 반대임에 주의할 것). $\rho(-\tau) = -1$이라는 것으로부터 두 개의 방향이 직교하고 있음을 알 수 있다. 그래서 x_i를 고쳐서 길이가 1이고, p좌표성분이 양이 되도록 잡고, $x = X x_1 + Y x_2$로 두면, (X, Y)가 직교좌표계를 이루는 것을 알 수 있다. 여기에서 방정식의 좌변을 고쳐 쓰면

$$ {}^t x A x = {}^t(X x_1 + Y x_2) A (X x_1 + Y x_2)$$

$$= {}^t(X\boldsymbol{x}_1 + Y\boldsymbol{x}_2)(\tau^2 X\boldsymbol{x}_1 + \rho^2 Y\boldsymbol{x}_2)$$

$$= \tau^2 X^2 + \rho^2 Y^2$$

$$= \frac{X^2}{\dfrac{1}{\tau^2}} + \frac{Y^2}{\dfrac{1}{\rho^2}}$$

$$= \frac{X^2}{\rho^2} + \frac{Y^2}{\tau^2}$$

이 된다(여기에서, $\{\boldsymbol{x}_1, \boldsymbol{x}_2\}$가 정규직교기저라는 사실, 즉 ${}^t\boldsymbol{x}_i\boldsymbol{x}_j = \delta_{ij}$를 사용하고 있다).

일반적으로 $\dfrac{X^2}{a^2} + \dfrac{Y^2}{b^2} = 1$이라는 타원의 표준형에서 X, Y축이 주축이고, 각각 방향의 축 길이의 반이 각각 a, b라는 것은 알고 있다. 따라서 ϕ_1 방향의 주축의 반이 $\rho\sqrt{R^2 + r^2}$이고, ϕ_2방향의 주축의 반이 $\tau\sqrt{R^2 + r^2}$이 된다.

▶ **리츠의 방법(63~64쪽).**

점에 이름을 붙이면서 그림의 의미를 살펴보자. 타원의 장축 길이를 $2a$, 단축 길이를 $2b$라고 하자. 예를 들면, 왼쪽 위의 그림은 타원상의 켤레지름의 두 끝점을 $A = (a\cos\theta, b\sin\theta)$, $B = (a\cos\varphi, b\sin\varphi)$라고 매개변수로 나타내는 의미를 그림으로 나타내고 있다 (단, 켤레지름을 잡았기 때문에, $\varphi = \theta + \dfrac{\pi}{2}$이고 $\cos\varphi = -\sin\theta$, $\sin\varphi = \cos\theta$이다). 타원의 중심 O를 중심으로 하는 외접원(대부원이라고도 한다)의 반지름이 a이고, 내접원(소부원이라고도 한다)의 반지름은 b이다. 중심 O로부터 각 θ와 φ인 반지름이 그려져 있다. OA와 OB는 직교하지 않는 것에 주의한다. 외접원과의 교점이 $(a\cos\theta, a\sin\theta)$와 $(a\cos\varphi, a\sin\varphi)$이고, 내접원과의 교점은 $(b\cos\theta, b\sin\theta)$와 $(b\cos\varphi, b\sin\varphi)$이다.

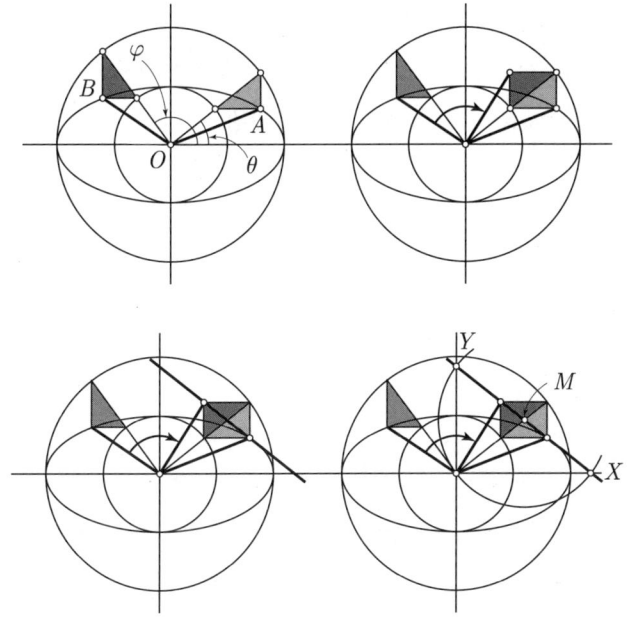

두 번째 그림에서, 왼쪽의 점을 오른쪽으로 90°회전하면 직사각형을 얻고, 세 번째 그림에서 직사각형의 대각선을 연장하여 좌표축과의 교점을 잡는다. x축과의 교점을 X, y축과의 교점을 Y라고 하자. 네 번째 그림은 직사각형의 두 대각선의 교점을 M이라 할 때, $OM = XM = YM \left(= \dfrac{a+b}{2} \right)$인 것을 나타내고 있다. 이것은 직사각형의 모서리가 좌표축과 평행하다는 것으로부터 알 수 있다.

그러면 켤레지름으로부터 주축의 길이와 방향을 구하는 것은, 임의로 주어진 선분 OA, OB로부터 좌표축과 그림의 두 원을 구하는 것과 같다.

OB를 90°회전한 것을 $O'B$라고 하자. $\angle AOB'$가 예각이 되도록 한다. 만일 둔각이 되면, B 대신에 지름의 반대 끝점을 잡으면 된다. AB'의 중점을 M이라 하자. M을 중심으로 하고 반지름이 OM인 원

을 그려서 직선 AB'과의 교점을 X, Y라고 하자. OX와 OY는 직교하며 이것이 좌표축이다. 그 뒤는 A와 B'에서 좌표축과 평행하게 직선을 그어, 교점을 구하면 외접원과 내접원의 반지름을 구할 수 있다.

이론상으로는 이렇게 하면 되지만, 작도상에 오차가 생기기 쉽고, 신중하게 그려야 한다.

▶ **문제 24.** 윗변과 대각선 사이의 각이 $36°$인 것을 나타내고 그림 71을 보아라.

▶ **문제 29.** 꼭지각 O가 $36°$인 부채꼴 OAB가 있다고 하자. O를 A와 겹치게 접으면, OA의 중점 M을 지나는 수선이 생기는데 그것과 OB와의 교점을 C라고 하고, AC를 따라 접으면 $\angle ACM = 54°$가 된다. 같은 방법을 OB에 대해서도 행하면, OB의 수직이등분선 ND가 생긴다. DB를 따라서 접어 AC와의 교점을 E라고 하자.

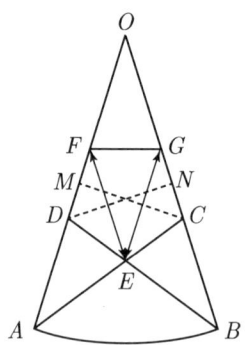

접은 금을 되돌려 원래의 부채꼴로 하자. DN을 따라서 부채꼴을 접으면 BD는 OD와 겹치는데, E와 겹치는 점을 F라고 하자. 같은 방법으로, MC를 따라서 접을 때 생기는 점을 G라 하자. 그러면 오각형 $CEDFG$는 정오각형이 된다.

▶ **문제 32.** $\{b_n\}$을 피보나치 수열이라 할 때, $a_n = b_{2n}$ 또는 $a_n = b_{2n-1}$이다. 어느 쪽도 같지만, 앞쪽의 경우로 보자.

$$a_{n+2} = b_{2n+4} = b_{2n+3} + b_{2n+2} = 2b_{2n+2} + b_{2n+1}$$
$$= 3b_{2n+2} - b_{2n} = 3a_{n+1} - a_n.$$

(마지막에서 두 번째 등호는 $b_{2n+2} = b_{2n+1} + b_{2n}$을 사용하여 b_{2n+1}을 없앤 것이다.)

▶ **문제 33.** a, b를 임의의 수라 하고, 점화식에서 이후의 항을 구하면, $a, b, b-a, -a, -b, a-b, a, b, \cdots$가 된다.

▶ **문제 34.** 유클리드 호제법은 원래 이 모양으로 사용된 것이다.

▶ **2ρ의 연분수 전개(112쪽).** 답은

$$2\rho = (\sqrt{5} - 1) = 1 + \cfrac{1}{4 + \cfrac{1}{4 + \cfrac{1}{4 + \cfrac{1}{4 + \cdots}}}}$$

이다. 증명은 수렴성이 확인되어 있으면 우변에서 1을 뺀 것을 x로 두면, $x^2 + 4x = 1$이 되고 양의 근으로 $\sqrt{5} - 2$를 얻으면 된다. 수렴성은 일반론으로도 좋지만, 직접하고 싶다면 우변의 무한연분수를 유한개로 멈춘 부분열을 F_k라고 하면, 특수 피보나치 수열 a_n을 사용해서

$$\frac{F_k}{2} = \frac{a_n}{a_{n+1}}, \ (n = 3k - 1)$$

이 되는 것을 확인하면 된다. (실제로 $\dfrac{F_k}{2}$ 를 계산하면 $\dfrac{1}{2}$, $\dfrac{5}{8}$, $\dfrac{21}{34}$, $\dfrac{89}{144}$, … 가 되는 것을 보고서 이해해도 좋고, 덤으로 점화식을 유도해도 좋다.)

또한 훨씬 직접적으로

$$\sqrt{5}-2 = \dfrac{1}{\sqrt{5}+2} = \dfrac{1}{4+(\sqrt{5}-2)}$$
$$= \dfrac{1}{4+\dfrac{1}{\sqrt{5}+2}} = \dfrac{1}{4+\dfrac{1}{4+(\sqrt{5}-2)}} = \cdots$$

라 해도 좋다.

추가: $\dfrac{F_k}{2}$ 는 $\dfrac{F_1}{2} = \dfrac{1}{2}$ 과

$$F_{k+1} = 1 + \dfrac{1}{4+(F_k-1)} = \dfrac{F_k+4}{F_k+3}$$

이라는 점화식으로 정의되어 있다고 해도 좋다. $\dfrac{F_k}{2}$ 를 기약분수인 $\dfrac{b_k}{c_k}$ 로 나타내면 $b_1 = 1$, $c_1 = 2$ 이다.

$$2\dfrac{b_{k+1}}{c_{k+1}} = \dfrac{\dfrac{2b_k}{c_k}+4}{\dfrac{2b_k}{c_k}+3} = \dfrac{2b_k+4c_k}{2b_k+3c_k}$$

가 되기 때문에 우선 기약성을 신경 쓰지 말고, b_k, c_k를 $b_1 = 1$, $c_1 = 2$ 와 점화식

$$b_{k+1} = b_k + 2c_k, \quad c_{k+1} = 2b_k + 3c_k$$

로 정의한다. 최초항의 계산으로부터

$$b_k = a_{3k-1}, \quad c_k = a_{3k}$$

라고 추측하고, 귀납법으로

$$b_{k+1} = b_k + 2c_k = a_{3k-1} + 2a_{3k} = a_{3k+1} + a_{3k} = a_{3k+2},$$
$$c_{k+1} = 2b_k + 3c_k = 2a_{3k-1} + 3a_{3k}$$
$$= 2a_{3k+1} + a_{3k} = a_{3k+1} + a_{3k+2} = a_{3k+3}$$

인 것을 확인한다. 일반적으로 a_n과 a_{n+1}은 서로소이므로 이것으로써 좋다.

자, $\lim_{n\to\infty} F_k = 2\lim_{n\to\infty} \dfrac{a_{3k-1}}{a_{3k}}$가 되기 때문에 제5장 2절의 결과로부터 2ρ인 것을 알 수 있다.

▶ **문제 45.** 그러므로 $w = \dfrac{p + \sqrt{p^2 + 4q}}{2}$이다. 참고로 $q = -p = 1$일 때는 $w = \rho$이다. 결국,

$$\rho = \sqrt{1 - \sqrt{1 - \sqrt{1 - \cdots}}}\,.$$

▶ **문제 56.** 다음 그림의 전개도를 보아라. 이것을 조립하여 마름모꼴면체를 만든다. 위에서 두 개의 점선부분을 구부려, 올라오는 두 실선을 겹칠 때, 그것이 어느 정도 높이까지 올라오는가라는 문제이다. 논의를 결정하기 위해 두 개의 전개도에 공통되게 점에 이름을 붙인다. 제일 위 모서리의 오른쪽 끝점을 C, 나중에는 모서리를 따라서 D, C'이라고 하자. 위에서 두 번째 마름모의 꼭짓점 중 오른쪽 위에 D가 있었다. 왼쪽 위의 꼭짓점을 A, 오른쪽 아래의 점을 B, 대각선의 교점을 O라고 하자. 이 면을 밑변으로 생각하여 그 위와 오른쪽 마름모를 옆면이

되도록 구부려, C와 C'을 맞춘다. 이후로는 맞춘 뒤의 점을 C로 쓴다. 점 C의 밑면으로의 수선의 발을 H라고 하면, CH의 비가 부피의 비가 된다.

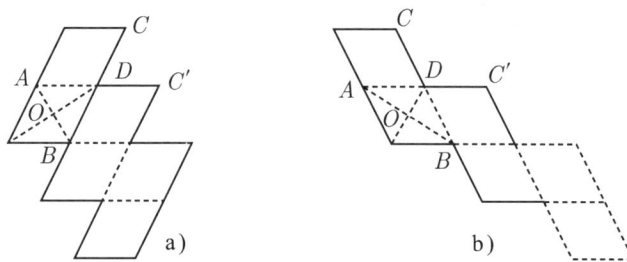

모든 마름모꼴은 합동이고, 매개변수는 각의 크기보다 대각선의 길이를 택하는 편이 좋다. 마름모의 모서리 길이를 1이라 하고, 대각선의 길이를 $2a > 2b$라 하자. 이 때, $a^2 + b^2 = 1$이 되는 것을 주의한다.

여기에서 예각과 둔각의 마름모면체의 차이가 생긴다. 예각인 경우를 생각한다. 여기에서 $OA = OB = b$, $OD = a$, $AC = BC = 2a$이다. (올라 온) 삼각형 ABC는 이등변삼각형이고, 이미 $OC^2 = 4a^2 - b^2$인 것을 알 수 있다. 또 선분 OH는 OD를 연장한 것이고, $OH = x + a$라고 하면 OHC와 DHC는 직각삼각형이라는 것으로부터,

$$OC^2 = OH^2 + CH^2, \quad DC^2 = DH^2 + CH^2$$
$$4a^2 - b^2 = (a+x)^2 + CH^2, \quad 1^2 = X^2 + CH^2$$

을 얻는다. 여기에서, $2ax = 3a^2 - b^2 - 1 = 4a^2 - 2$를 알 수 있으면서

$$CH^2 = 1 - \frac{(2a^2 - 1)^2}{a^2}$$

이 된다.

다음에는 둔각인 경우를 생각해 보자. 이번에는 직각이 넘게 구부리

지 않으면, DC와 DC'이 겹치질 않고, 달라붙은 뒤 C의 수선의 발 H는 선분 OD위에 있다. 이 때, 마름모의 예각이 $60°$보다 작으면 입체가 되질 않는 점에 주의한다. 예각의 경우처럼 계산을 하면, 이번에는

$$CH^2 = 1 - \frac{(2b^2-1)^2}{b^2}$$

이 된다.

그래서 예각과 둔각의 경우 높이의 제곱차를 계산하면

$$CH^2_{예각} - CH^2_{둔각} = \frac{(2b^2-1)^2}{b^2} - \frac{(2a^2-1)^2}{a^2}$$

이 된다. 그래서 분자를 통분하면

$$a^2(2b^2-1)^2 - b^2(2a^2-1)^2$$
$$= (a(2b^2-1) + b(2a^2-1))(a(2b^2-1) - b(2a^2-1))$$
$$= (a+b)(2ab-1)(b-a)(2ab+1)$$
$$= (a^2-b^2)(1 \quad 4a^2b^2)$$

이 되고, 1이 정사각형의 넓이이고 $2ab$가 마름모의 넓이인 것에 주의하면 예각 쪽이 부피가 크다는 것을 알 수 있다.

▶ **문제 60.** 아무래도 답을 주지 않아 매정하다고 생각할 수 있기 때문에, 최초의 부분이라 할까, 이 표를 τ의 표시를 쓰지 않고 황금진수 그대로 구하는 방법을 생각해 보자. 다음의 수를 어떻게 구하는가의 문제이다.

요점은 두 가지이다. 첫째는, 두 수 a, b를 더할 때 황금수 표기에서 1이 들어 있는 자리에 a와 b에서 같은 자리가 하나도 없으면, 어느 쪽의 표기에서 1이 있는 자리에 1을 넣으면 된다. 그런 다음, 다음 수를

구하는 것은 +1 하는 것이므로 (1) n의 1의 자리가 0이라면, 그것을 1로 바꾸면 $n+1$이 된다. 두 번째의 요점은 n의 1의 자리가 1일 때는, (2) …100…과 …011…의 동치성을 맘껏 사용해서 1의 자리가 0이 되는 표기로 바꿀 수 있다.

본문 중에 있는 수의 표기를 정리해 보면, 다음과 같다. 1의 자리가 1이라면, 그것은 0이 되도록 바꾸고, 1을 더한다. 그래서 표준형으로 고친다.

〈10진수 황금진수의 표기(밑줄이 있는 것이 표준형)〉

1 $\underline{1} = 0.11$
2 $1.11 = \underline{10.01}$
3 $11.01 = \underline{100.01}$
4 $\underline{101.01} = 101.0011 = 100.1111$
5 $101.1111 = 110.0111 = 1000.0111 = \underline{1000.1001}$
6 $1001.1001 = \underline{1010.0001}$
7 $1011.0001 = 1100.0001 = \underline{10000.0001}$
8 $\underline{10001.0001} = 10000.1101$
9 $10001.1101 = \underline{10010.0101}$
10 $10011.0101 = \underline{10100.0101}$
11 $\underline{10101.0101} = 10101.010011 = 10101.001111 = 10100.111111$
12 $10101.111111 = 10110.011111 = 11000.100111 = \underline{100000.101001}$
13 $100001.101001 = \underline{100010.001001}$
14 $100011.001001 = \underline{100100.001001}$
15 $\underline{100101.001001} = 100100.111001$
16 $100101.111001 = 100110.011001 = \underline{1001000.100001}$
17 $101001.100001 = \underline{101010.000001}$
18 $101011.000001 = 101100.000001 = 110000.000001 = \underline{1000000.000001}$

그 이후는 같다.

▶ 문제 61. 점화식 $a_{n+2} = a_{n+1} + a_n$을 확인하는 것인데, 먼저, n이 홀수일 때의 a_n은 1과 0이 교대로 나타나는 모양이고, n이 짝수일 때의

a_n은 양끝만 1이라는 점에 주의한다.

n이 홀수일 때는, a_{n+1}의 안쪽 0의 열에 a_n이 사이에 쏙 들어가므로 금방 알 수 있다. n이 짝수일 때는, a_{n+1}과 a_n의 양끝의 1이 겹치므로 성가시다. n을 짝수라 하면, a_n은 최고 자리가 1이고 그 뒤에 n개의 0이 계속되고, 소수점 뒤 $n-1$의 0이 있으며, 마지막에 1이 온다. a_{n+1}의 $n+1$째 자리의 1을 없애기 위해 변형하면, n째 자리로부터 소수점 이하 $n+2$째 자리까지 1이 계속된다. $a_n = \tau^n + \tau^{-n}$이므로, 먼저 τ^n을 더한다. 이것은 a_{n+1}의 $n+1$째 자리에 1을 더하는 것에 대응되므로 자리가 높은 쪽으로부터 011을 100으로 바꿔 가면 $n+1$째 자리가 1이고, 그 뒤는 0과 1이 교대로 오며 소수점 이하 n째 자리의 0 뒤 가 01로 된다. 그기에 τ^{-n}을 더하는 것인데, 그것은 소수점 이하 n자리에 1을 바꿔 넣는 것에 대응된다. 그러면, 1010⋯10101101이라는 모양이 되고, 이번에는 자리가 낮은 쪽에서부터 011을 100으로 바꾸어 가면, 1이 순서대로 보내져, $n+2$째 자리에 1이 오고, 마지막 소수점 이하 $n+2$째 자리의 1까시의 사이는 0만 있게 된다.

성가시게 보이지만, 이것을 τ의 거듭제곱 전개식으로 나타내려면, 꽤나 복잡한 변형식이 필요하게 된다.

▶ **피보나치 수와 루카스 수(155쪽).** 제5장 2.3절에 임의의 초기값에 대한 피보나치 수열 $\{b_n\}$, $b_{n+2} = b_{n+1} + b_n$의 일반식이 있다. $b_1 = d$, $b_2 = c$가 초기값이라면,

$$b_n = \frac{1}{\sqrt{5}}((c\tau+d)\tau^{n-2} - (-c\rho+d)(-\rho)^{n-2})$$

가 된다. 피보나치 수 F_n은 초기값을 $d = c = 1$로 한 것이므로, $\tau + 1 = \tau^2$, $b_2 = c$이라는 사실로부터 비네의 공식

$$F_n = \frac{\tau^n - (-\rho)^n}{\sqrt{5}} \left(= \frac{\tau^n - (-\rho)^n}{\tau - (-\rho)} \right)$$

을 다시 보여주는 것은 쉽지만(원래 이 공식으로부터 위의 일반식을 얻은 것이므로 당연하기는 하다), 루카스 수 $L_n (L_1 = 1,\ L_2 = 3)$에 대한 식

$$L_n = \tau^n + (-\rho)^n \left(= \frac{\tau^n + (-\rho)^n}{\tau + (-\rho)} \right)$$

을 얻기란 다소 어렵다.

그래서, 조금 더 일반적으로 생각해 보자. τ도 $-\rho$도 $x^2 = x + 1$을 만족하고, 여기에 ax^n을 곱하면, $ax^{n+2} = ax^{n+1} + ax^n$이 된다. 그러므로 $b_n = ax^n$이라 두면 피보나치의 점화식을 만족한다. 초기값 두 개를 주게 되면 피보나치 수열은 결정되므로, 일반적으로

$$b_n = \alpha \tau^n + \beta (-\rho)^n$$

이라 두고, α와 β를 초기값으로부터

$$d = b_1 = \alpha \tau + \beta(-\rho), \quad c = b_2 = \alpha \tau^2 + \beta(-\rho)^2$$

을 풀어서 구하면 된다. 그러면

$$\alpha = \frac{c-d}{2} + \frac{3d-c}{2\sqrt{5}}, \quad \beta = \frac{c-d}{2} - \frac{3d-c}{2\sqrt{5}}$$

인 것을 알 수 있다. $c = d = 1$에 대해서는 $\alpha = -\beta = 1/\sqrt{5}$를 금방 알 수 있고, 이것은 비네의 공식에 대한 증명이 된다. $c = 3d = 3$에 대해서는 $\alpha = \beta = 1$이 되고, 여기에서 루카스 수의 공식을 얻을 수 있다.

여기에서, 몇 가지 피보나치 수 F_n과 루카스 수 L_n의 재미있는 성질을 언급해 둔다. 간단한 것도 조금 어려운 것이 있지만, 이 교재의 문제

를 모두 풀 수 있는 독자라면 반드시 (몇 개 정도는) 가능하리라 본다. 꼭 증명을 해보기 바란다. 어려워 보이더라도, 비네의 공식과 수학적 귀납법으로 간단하게 보일 수 있는 경우도 많다.

증명하는 것보다 사실을 발견하는 것이 어려울 수 있다. 그 예로서, 이 리스트의 마지막 제곱수로 될 수 있는 피보나치 수는 0과 1과 144뿐이라는 옛날부터 내려오는 예상이 있다. 분명히 그럴 것 같다고 생각하더라도 그렇게 쉽게 확신이 서질 않는다. 그것이 1963년에 M. 분더리히[*]가 계산기로 많은 양을 체크했지만 발견할 수 없다는 보고가 있었으며, 어렴풋한 예상으로 바뀌었다. 그런데 다음 해, 콘[†]이 증명을 했다. 여기에는 제곱수인 루카스 수 L_n은 1과 4밖에 없다는 것을 사용하지만, 그것을 포함하여 훨씬 앞에 알려졌더라도 좋았던 증명법이었다. 그 항까지의 사실을 증명할 있었던 독자에게는 그다지 어렵지 않았을 것으로 생각한다.

아래에서 사용할 기호를 세 가지 소개해 둔다. (m, n)은 최대공약수 기호인 $\gcd(m, n)$을 생략한 것이고, $\lfloor x \rfloor$ 는 x를 넘지 않는 가장 큰 정수, $\lceil x \rceil$ 는 x보다 작지 않은 가장 작은 정수를 나타낸다.

(1) $\tau^n = \tau F_n + F_{n-1},\ (-\rho)^n = -\rho F_n + F_{n-1}.$

(2) $\sum_{i=1}^{n} F_i = F_{n+2} - 1,\ \sum_{i=0}^{k} F_{n+i} + F_{n+1} = F_{n+k+2}.$

(3) $\sum_{i=1}^{n} L_i = L_{n+2} - 3,\ \sum_{i=0}^{k} L_{n+i} + L_{n+1} = L_{n+k+2}.$

---

[*] M. Wunderlich: "On the non-Existence of Fibonacci Squares", Mathematics of Computation, 17(1963), p. 455.

[†] H. E. Cohn: Square Fibonacci Numbers, ⋯, The Fibonacci Quarterly, 2:2(April)(1964), p. 109-113. 이처럼 피보나치 수열과 관련한 잡지가 있을 정도로 최근 활발하게 연구되고 있다.

(4) $F_{n+5} = 5F_{n+1} + 3F_n$. 이것을 사용하면 F_{5n}이 5의 배수인 것을 알 수 있다.

(5) $n > r \geq 0$일 때 $F_{n+r} = F_r F_{n+1} + F_{r-1} F_n = F_r F_{n-1} + F_{r+1} F_n$.

(6) (루카스의 공식)
$$\sum_{i=1}^{n} F_{2i-1} = F_{2n}, \quad \sum_{i=1}^{n} F_{2i} = F_{2n+1} - 1, \quad \sum_{i=1}^{n} F_i^2 = F_n F_{n+1}.$$

(7) $\sum_{i=1}^{n} L_{2i-1} = L_{2n} - 2, \quad \sum_{i=1}^{n} L_{2i} = L_{2n+1} - 1, \quad \sum_{i=1}^{n} L_i^2 = L_n L_{n=1} - 2.$

(8) (캐쉬니의 공식) $n > 1$에 대하여, $F_{n-1} F_{n+1} - F_n^2 = (-1)^n$이 성립한다.

(9) F_n과 F_{n-1}은 서로소이다. 즉 $(F_n, F_{n+1}) = 1$이다. 또한 $(L_n, L_{n+1}) = 1$도 성립한다.

(10) 방정식 $x^2 + xy - y^2 = \pm 1$를 만족하는 무한개의 자연수쌍 (x, y)가 있다.

《힌트》 $x = F_n$, $y = F_{n+1}$로 둔다.

(11) $n > 1$일 때, $L_{n-1} L{n+1} - L_n^2 = 5(-1)^{n-1}$이 성립한다.

(12) (카탈란 공식) $n > k \geq 1$일 때 $F_{n-k} F_{n+k} - F_n^2 = (-1)^{n+k+1} F_k^2$이 성립한다.

(13) $n > k, s \geq 1$일 때 $F_{n-k} F_{n+k} - F_{n-s} F_{n+s} = (-1)^{n-s} F_s F_{k+s}$가 성립한다.

(14) $F_n = L_n \Leftrightarrow n = 1$.

(15) $F_n \equiv L_n \pmod{2}$. 더욱이 $n \equiv 0 \pmod{3}$일 때, F_n, L_n은 짝수이고, $(F_n, L_n) = 2$, $n \not\equiv 0 \pmod{3}$일 때, F_n, L_n은 홀수이고, $(F_n, L_n) = 1$이 성립한다.

(16) $F_{n-1} + F_{n+1} = L_n = F_{n+2} - F_{n-2}$.

(17) 양의 정수 n이 피보나치 수인 것과 $5n^2 \pm 4$가 제곱수인 것은 동치이다.

《힌트》 필요조건은 위 식을 사용하고, 충분조건은 조금 어렵게 $Q(\sqrt{5})$의 성질을 사용한다.

《힌트를 조금 더》 $n = F_k$일 때, $L_k^2 = 5F_k^2 + 4(-1)^k$을 보인다. 충분조건에 대해서는, "$\dfrac{m+n\sqrt{5}}{2}, (m, n \in Z)$ 모양의 수에서 다른 이 모양의 수를 곱해 1이 되는 것은 $\pm \tau^{\pm k}$ 모양을 한 것에 한한다."라는 것(이것도 그렇게 어렵진 않다)을 사용한다.

(18) 양의 정수 n이 루카스 수인 것과, $5n^2 \pm 20$이 제곱수라는 것은 동치이다. (충분조건은 쉽지는 않다.)

(19) $F_{n+1}^2 + F_n^2 = F_{2n+1}$, $F_{n+1}^2 - F_n^2 = F_{2n}$.

(20) $F_{2n} = F_n L_n$, $F_{n-1} + F_{n+1} = L_n$,

$F_{n+2} - F_{n-2} = L_n$, $L_{n-1} + L_{n+1} = 5F_n$.

(21) $1 + F_{2n}F_{2n+2}$, $1 + F_{2n}F_{2n+4}$, $1 + 4F_{2n}F_{2n+1}F_{2n+2}F_{2n+3}$은 제곱수이다.

(22) $2F_{n+1} = F_n + L_n$, $2L_{n+1} = 5F_n + L_n$, $L_n^2 - 5F_n^2 = 4(-1)^n$.

(23) 루카스 수 L_n은 5의 배수는 될 수 없다.

(24) $F_{n+1} = \dfrac{F_n + \sqrt{5F_n^2 + 4(-1)^n}}{2}$,

$L_{n+1} = \dfrac{L_n + \sqrt{5(L_n^2 + 4(-1)^n)}}{2}$.

(25) $2F_{m+n} = F_m L_n + F_n L_m$.

(26) $F_{m+n} + F_{m-n} = \begin{cases} L_m F_n & (n: \text{홀수}) \\ L_n F_m & (\text{그 밖}) \end{cases}$,

$F_{m+n} - F_{m-n} = \begin{cases} F_m L_n & (n: \text{홀수}) \\ F_n L_m & (\text{그 밖}) \end{cases}$

(27) 윗변이 F_{n-1}, 아랫변이 F_{n+1}, 옆변이 F_n인 등각사다리꼴의 넓이는 $\dfrac{\sqrt{3}\,F_{2n}}{4}$이다.

(28) p가 소수라면, $L_p \equiv 1 \pmod{p}$이다. 역은 성립하지 않는다.

(예): $L_{705} \equiv 1 \pmod{705}$. $L_n \equiv 1 \pmod{n}$을 만족하는 합성수 n을 페르마의 소수라고 하지만, 10만 이하의 페르마의 소수는 25밖에 없다는 것이 알려져 있다.

(29) 문제 31 답의 역도 성립하는 것이 알려져 있지만, 그것이야말로 문제 31의 답이다. 요점만 보여주자. 처음 것은 위에서 모두 언급했다. 뒤는 조금씩이다.

(a) $(F_{n-1},\ F_n) = 1$

(b) $(F_{qn-1},\ F_n) = 1$

(c) $m = qn + r$일 때, $(F_m,\ F_n) = F_{(n,\,r)}$

(d) $(F_m,\ F_n) = F_{(m,\,n)}$

(e) $F_m | F_n \Rightarrow m | n$

(30) 위의 사실로부터 특히 $(m,\ n) = 1$이라면 $F_m F_n | F_{m+n}$.

(31) 위의 두 사실로부터 "무한개의 소수가 존재한다"는 사실을 보여라.
《힌트》 소수가 유한개뿐이라고 가정하고, 대응하는 피보나치 수를 생각하여라.

(32) 임의의 소수는 어떤 피보나치 수의 약수이다. 특히 $p = 5m \pm 1$일 때, $p | F_{p-1}$이고 $p = 5m \pm 2$일 때, $p | F_{p+1}$이다.

(33) $F_n = \left\lfloor \dfrac{\tau^n}{\sqrt{5}} + \dfrac{1}{2} \right\rfloor = \left\lceil \dfrac{\tau^n}{\sqrt{5}} - \dfrac{1}{2} \right\rceil$,

$F_{2n} = \left\lfloor \dfrac{\tau^{2n}}{\sqrt{5}} \right\rfloor$, $F_{2n+1} = \left\lceil \dfrac{\tau^{2n+1}}{\sqrt{5}} \right\rceil$.

(34) $L_n = \left\lfloor \tau^n + \dfrac{1}{2} \right\rfloor = \left\lceil \tau^n - \dfrac{1}{2} \right\rceil$,

$$L_{2n} = \lfloor \tau^{2n} \rfloor, \ L_{2n+1} = \lceil \tau^{2n+1} \rceil.$$

(35) F_n이 제곱수라면 n은 0, 1, 2, 12 중 하나다. 즉, 피보나치 수에는 0, 1, 144의 세 개의 제곱수 밖에 없고, 대개가 제곱수가 되질 못한다. 또 F_n이 제곱수의 두 배라면 n은 0, 3, 6 중 하나다. 그때 $F_n = 0, 2, 8$이다.

▶ **문제 62.** 유도하기는 매우 까다롭다. 그렇지만 확인해 보기로 하자. $\tau - \tau^{-1} = 1$에 주의한다.
$\frac{1}{2} = 0.\overline{010}$은

$$\frac{1}{2} = \tau^{-2} + \tau^{-5} + \tau^{-8} + \tau^{-11} + \cdots$$
$$= \tau^{-2}(1 + \tau^{-3} + \tau^{-6} + \tau^{-9} + \cdots)$$
$$= \tau^{-2} \frac{1}{1 - \tau^{-3}}$$

이라는 의미이고, $2 = \tau^2(1 - \tau^{-3})$과 동치이다. 이것을 보이는 데는 $\tau^2 - \tau^{-1} = (\tau + 1) - (\tau - 1) = 2$라고 하면 좋다.
$\frac{1}{4}$ 뿐이라면

$$4 = 2^2 = (\tau^2 - \tau^{-1})^2 = \tau^4 - 2\tau + \tau^{-2}$$
$$= \tau^3 + \tau^2 - 2\tau + \tau^{-1} - \tau^{-3}$$
$$= \tau^3 + (\tau^2 - \tau) - (\tau - \tau^{-1}) - \tau^{-3}$$
$$= \tau^3 + 1 - 1 - \tau^{-3} = \tau^3 - \tau^{-3}$$

으로부터

$$\frac{1}{4} = \frac{1}{\tau^3 - \tau^{-3}} = \frac{1}{\tau^3} \frac{1}{1 - \tau^{-6}}$$

이라고 하면 된다.

$\frac{1}{3}$의 경우는, 3의 전개 100.01로부터

$$\tau^4 - \tau^{-4} = (\tau^2 - \tau^{-2})(\tau - \tau^{-1})(\tau + \tau^{-1}) = 3(\tau + \tau^{-1})$$

을 얻을 수 있으므로

$$\frac{1}{3} = \frac{\tau + \tau^{-1}}{\tau^4 - \tau^{-4}} = \frac{\tau + \tau^{-1}}{\tau^4(1 - \tau^{-8})}$$

을 얻는다.

5의 경우는 다소 복잡하다. 우선

$$\tau^5 - \tau^{-5} = (\tau - \tau^{-1})(\tau^4 + \tau^2 + 1 + \tau^{-2} + \tau^{-4})$$
$$= \tau^4 + \tau^{-4} + \tau^2 + 1 = 7 + 3 + 1 = 11$$

이므로

$$\frac{1}{11} = \frac{1}{\tau^5 - \tau^{-5}} = \frac{1}{\tau^5(1 - \tau^{-10})}$$

은 $0.\overline{0000100000}$으로 표현된다. 같은 모양으로

$$\tau^5 + \tau^{-5} = (\tau + \tau^{-1})(\tau^4 + \tau^{-4} - \tau^2 - \tau^{-2} + 1)$$
$$= (7 - 3 + 1)(\tau + \tau^{-1}) = 5(\tau + \tau^{-1})$$

을 알 수 있다.

$$\tau^{10} - \tau^{-10} = (\tau^5 + \tau^{-5})(\tau^5 - \tau^{-5})$$
$$= 5(\tau + \tau^{-1})(\tau^4 + \tau^2 + 1 + \tau^{-2} + \tau^{-4})$$
$$= 5(\tau^5 + 2\tau^3 + 2\tau + 2\tau^{-1} + 2\tau^{-3} + \tau^{-5})$$
$$= 5(\tau^6 - \tau^4 + 2\tau^3 + 2\tau + 2\tau^{-1} + 2\tau^{-3} + \tau^{-5})$$

$$= 5(\tau^6 + \tau^3 - \tau^2 + 2\tau + 2\tau^{-1} + 2\tau^{-3} + \tau^{-5})$$
$$= 5(\tau^6 + \tau^3 + \tau - 1 + 2\tau^{-1} + 2\tau^{-3} + \tau^{-5})$$
$$= 5(\tau^6 + \tau^3 + \tau + \tau^{-1} - \tau^{-2} + 2\tau^{-3} + \tau^{-5})$$
$$= 5(\tau^6 + \tau^3 + \tau + \tau^{-1} - \tau^{-3} - \tau^{-4} + \tau^{-6} + \tau^{-7})$$
$$= 5(\tau^6 + \tau^3 + \tau + \tau^{-1} + \tau^{-5} + \tau^{-6} + \tau^{-7})$$
$$= 5(\tau^6 + \tau^3 + \tau + \tau^{-1} + \tau^{-4} + \tau^{-7})$$

이 되므로(도중 계산에서 $-\tau^{n+2} + \tau^{n+1} = -\tau^n$의 양변에 τ^{n+1}을 보탠 $-\tau^{n+2} + 2\tau^{n+1} = \tau^{n+1} - \tau^n$을 사용하고 있다),

$$\frac{1}{5} = \frac{\tau^6 + \tau^3 + \tau + \tau^{-1} + \tau^{-4} + \tau^{-7}}{\tau^{10} - \tau^{-10}}$$
$$= \frac{\tau^6 + \tau^3 + \tau + \tau^{-1} + \tau^{-4} + \tau^{-7}}{\tau^{10}(1 - \tau^{-20})}$$

이 되어 황금진수에서의 표시를 얻는다.

▶ **문제 64.** $x^4 - 3x^3 + 1 = 0$의 해는 $\pm\tau, \pm\rho$이다.

▶ **문제 65.** y를 소거하면 $x^4 - 2ax^2 + x + a^2 - a = (x^2 + x - a)(x^2 - x + 1 - a) = 0$이 된다. $x^2 + x - a = 0$의 해에 대해서는 $y = a - x^2 = x$이고, $x^2 - x + 1 - a = 0$의 해에 대해서는 $y = a - x^2 = 1 - x$이다.

▶ **문제 66.** 문제의 정사각형 한 변의 길이는 4이지만, 일반적으로 $2a$라 두고 계산해도 어렵지 않다. 아래로 향하는 포물선의 방정식은 $ay = 2x^2 - a^2$이고 위로 향하는 포물선의 방정식은 $-ax = 2y^2 - a^2$이다. y를 소거하면

$$8x^4 - 8a^2x^2 + a^3x + a^4 = (4x^2 - 2ax - a^2)(2x^2 + ax - a^2) = 0$$

이 된다. 앞의 인수로부터는 $x = \dfrac{1 \pm \sqrt{5}}{4}a = \dfrac{a\tau}{2}, -\dfrac{a\rho}{2}$를 얻고, 뒤의 인수로부터는 $x = \dfrac{-1 \pm 3}{4}a = -a, \dfrac{a}{2}$를 얻는다. 원의 방정식은 두 개의 포물선의 방정식을 더하면 $2a^2 = 2(x^2 + y^2) + a(x - y)$이 되어

$$\left(x + \dfrac{a}{4}\right)^2 + \left(y - \dfrac{a}{4}\right)^2 = \dfrac{9a^2}{8}$$

이라는 표준형이 얻어진다. $a = 2$라면 답은 회복된다.

▶ **문제 67.** y를 소거하면 $x^3 - 2x - 1 = (x + 1)(x^2 - x - 1) = 0$이 된다.

▶ **문제 68.** y를 소거하면 $\cos x = \tan x$이다. $\cos x$를 곱하여 $t = \sin x$라 두면 $t^2 + t - 1 = 0$이 된다. 그림에서 $t > 0$인 해를 구하고 싶기 때문에 $t = \rho$이므로 $x = \sin^{-1}\rho$가 된다. 이 때 $y = \cos x = \sqrt{1 - \sin^2 x} = \sqrt{1 - \rho^2} = \sqrt{\rho}$이다. 직교하는 것은 미분하여 x값을 대입하여 기울기를 구하면 각각 $-\rho, \dfrac{1}{\rho}$인 것을 알 수 있다.

▶ **문제 69.** 적분하면

$$\int_0^{\sin^{-1}\rho} \cos x \, dx = [\sin x]_0^{\sin^{-1}\rho} = \rho - 0 = \rho.$$

▶ **문제 70.** 서로 비어져 나오고 있기 때문에, 4개의 직사각형과 정사각형의 넓이가 같다고 두면, $x^2 = 1 \times (1 - x) = 1 - x$를 얻는다. 물론 십자형의 넓이와 큰 정사각형의 넓이가 같다고 하면 $5 = (1 + 2x)^2$이라

해도 같다.

▶ **문제 72.** 반지름을 1이라 하고 $AB=x$라고 둔다. 정사각형의 꼭짓점인 원주상의 점과 중심을 연결하면 직각삼각형이 되기 때문에 $1 = x^2 + \left(\dfrac{x}{2}\right)^2 = \dfrac{5x^2}{4}$가 되어 $x = \dfrac{2}{\sqrt{5}}$가 된다. 따라서

$$\frac{AB}{AC} = \frac{x}{1+\dfrac{x}{2}} = \frac{\dfrac{2}{\sqrt{5}}}{1+\dfrac{1}{\sqrt{5}}} = \frac{2}{1+\sqrt{5}} = \frac{\sqrt{5}-1}{2} = \rho$$

가 된다.

▶ **문제 73.** 원의 중심을 O라 하자. O로부터 AB에 내린 수선의 발을 H라 하고 반지름을 1이라 하면 $OC=1$이다. 정삼각형이라는 것으로부터 $OH = \dfrac{OA}{2} = \dfrac{1}{4}$이고 AB는 정삼각형의 모서리의 반이므로 $\dfrac{\sqrt{3}}{2}$이다. 피타고라스 정리로부터 $HC^2 = 1^2 - \left(\dfrac{1}{4}\right)^2 = \dfrac{15}{16}$이다. 따라서

$$\frac{AB}{AC} = \frac{\dfrac{\sqrt{3}}{2}}{\dfrac{\sqrt{15}}{4}+\dfrac{\sqrt{3}}{4}} = \frac{2}{\sqrt{5}+1} = \frac{\sqrt{5}-1}{2} = \rho$$

가 된다.

▶ **문제 74.** 이 식은 b를 모서리로 하는 두 개의 직각삼각형이 닮음이라는 사실로부터 바로 알 수 있다. 본질적으로는 같지만, 세 개의 직각삼각형의 피타고라스 정리만 사용하는 증명도 있다. h를 수선의 길이라면,

$$(p+q)^2 = a^2 + b^2 = (p^2 + h^2) + (q^2 + h^2)$$

이 되므로 $pq = h^2$이다. 그리고

$$p^2 = b^2 = q^2 + h^2 = q^2 + pq = q(q+p) = q = 1 - p$$

가 되어 p는 ρ의 정의 방정식을 만족하고 있다.

▶ **예 5(159쪽).** 지름이 1인 원을 그리고, 지름의 양끝에서 길이가 ρ인 현을 자를 때, 남은 호에 해당하는 현의 길이가 ρ^3인 것을 보이기로 한다.

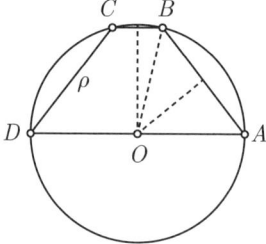

원의 중심을 O라 하고 원주상의 점을 오른쪽으로부터 A, B, C, D라고 하자. AD가 지름이다. 주어진 것은 $OA = OB = OC = OD = \frac{1}{2}$, $AB = CD = \rho$이고, 보여야 할 것은 $BC = \rho^3$이다. BC는 지름 AD와 평행하므로 B에서 AD에 내린 수선의 길이를 h, O에서 AB에 내린 수선의 길이를 k라고 하면,

$$\frac{1}{2^2} = k^2 + \frac{\rho^2}{2^2} \Rightarrow k^2 = \frac{1-\rho^2}{4} = \frac{\rho}{4}$$

이다. 삼각형 ABO의 넓이를 두 가지로 구하면

$$\frac{1}{2} \cdot \frac{1}{2} \cdot h = \frac{1}{2} \cdot \rho \cdot k \Rightarrow h = \rho\sqrt{\rho}$$

를 얻는다. O에서 BC까지의 수선의 길이도 h이므로, $BC = x$라면,

$$\frac{x^2}{2^2} + h^2 = \frac{1}{2^2} \Rightarrow x^2 = 1 - 4h^2 = 1 - 4\rho^3$$

이 된다. 남은 것은 $1 - 4\rho^3$이 ρ^6인 것만 밝히면 된다. 먼저 $\rho^3 = \rho - \rho^2 = 2\rho - 1$이다. 따라서,

$$\rho^6 = (2\rho - 1)^2 = 4(\rho^2 - \rho) + 1 = 1 - 4\rho^3 = x^2$$

이 되어 증명이 끝났다.

▶ **문제 75.** 같은 모서리의 길이를 a, 밑변의 높이를 h라 하고, a를 h만 사용하여 나타내어, a가 최소가 될 때의 h값을 구하는 문제이다.

아래 그림처럼 이등변삼각형을 ABC, $AB = AC = a$, 내심을 O, A에서 BC에 내린 수선의 발을 D, O에서 AC에 내린 수선의 발을 E라고 하자. 이 때, $OD = OE = 1$이다. $BD = h$라고 하면 $BE = b$이다. $h > 2$에 주의한다.

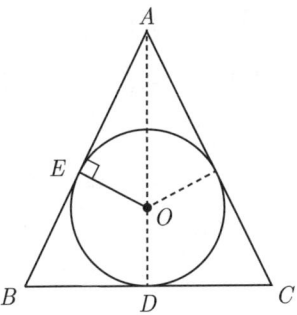

삼각형 ADB와 AOE는 직각삼각형이므로,

$$a^2 = h^2 + b^2, \quad (h-1)^2 = 1^2 + (a-b)^2$$

이 성립한다. 두 식에서 b^2을 소거하면,

$$ab = a^2 - h^2 + h$$

가 되어 제곱하고 b^2을 소거하면,

$$a^2(a^2 - h^2) = a^4 + h^4 - 2a^2h^2 + 2a^2h - 2h^3$$

이 된다. 이것을 정리하여 $x = a^2$을 h의 함수로 나타내면,

$$x = a^2 = \frac{h(h-1)^2}{h-2}$$

가 된다. $x = a^2$과 a는 동시에 최소가 되므로, $h > 2$에 있어서 이 함수의 최솟값 문제를 생각하면 된다. 따라서 미분하면,

$$\frac{dx}{dh} = \frac{(3h^2 - 4h + 1)(h-2) - (h^3 - 2h^2 + h)}{(h-2)^2}$$
$$= 2\frac{(h-1)(h^2 - 3h + 1)}{(h-2)^2}$$

이 된다. $h^2 - 3h + 1 = 0$의 근은 $1 + \tau = \tau^2 > 2$와 $1 - \rho = \rho^2 < 1$이고, 증감표를 만들면 $h = \tau^2$에서 최솟값을 갖는 것을 알 수 있다.

▶ **문제 76.** 기호는 문제 75와 같고, 단 $OD = OE = r$라고 한다. a를 고정하고 r을 $b < a$로 나타내어 그의 최댓값 문제를 생각한다. 앞 문제와 같이 식을 세우면,

$$a^2 = h^2 + b^2, \qquad (h-r)^2 = r^2 + (a-b)^2$$

을 얻고, 두 식에서 h^2을 소거하면, $hr = ab - b^2$가 되어 h를 대입하면,

$$r = \frac{b(a-b)}{\sqrt{a^2-b^2}} = \frac{b\sqrt{a-b}}{\sqrt{a+b}} = \frac{b\sqrt{a^2-b^2}}{a+b}$$

를 얻는다. a를 매개변수로 하고, $0 < b < a$의 범위에서 최댓값 문제를 풀면 된다. 그러기 위해서 미분하면

$$\frac{dr}{db} = \frac{D}{(a+b)^2}$$

$$D = \left(\sqrt{a^2-b^2} + \frac{-b^2}{\sqrt{a^2-b^2}}\right)(a+b) - b\sqrt{a^2-b^2}$$

$$= \frac{(a^2-b^2-b^2)(a+b) - b(a^2-b^2)}{\sqrt{a^2-b^2}}$$

$$= \frac{(a+b)(a^2-2b^2 - b(a-b))}{\sqrt{a^2-b^2}}$$

$$= \frac{(a+b)(a^2-ab-b^2)}{\sqrt{a^2-b^2}}$$

이 된다. 분자의 근은 $-a$, τa, ρa가 되기 때문에 $b = \rho a$일 때에 최대가 된다는 것을 알 수 있다. 이것을 r의 표현식에 대입하면,

$$r = a\rho\sqrt{\frac{1-\rho}{1+\rho}} = a\rho\sqrt{\frac{3-\sqrt{5}}{1+\sqrt{5}}} = a\rho\sqrt{\frac{-8+4\sqrt{5}}{4}} = a\rho\sqrt{\sqrt{5}-2}$$

를 얻는다.

▶ **문제 77.** $\lambda > 1$이라 하고, 직사각형의 모서리를 x, λx 그리고 십자형의 넓이를 S라고 하자. 원의 반지름은 1이라 해도 좋다. 직사각형의 대각선으로 나누어진 직각삼각형에 대하여 $x^2 + (\lambda x)^2 = 2^2$이 성립한다. 겹치는 정사각형의 한 변은 x이므로

$$S = 2\lambda x^2 - x^2 = (2\lambda - 1)x^2 = 4\frac{2\lambda - 1}{1 + \lambda^2}$$

이 된다. $S = S(\lambda)$의 $\lambda > 1$에 관한 최댓값 문제를 생각한다. 그러기 위해서 미분하면

$$\frac{dS}{d\lambda} = 4\frac{2(1 + \lambda^2) - (2\lambda - 1)2\lambda}{(1 + \lambda^2)^2} = -8\frac{\lambda^2 - \lambda - 1}{(1 + \lambda^2)^2}$$

이 된다. 분자의 근은 $\tau, -\rho$이므로, $\lambda = \tau$일 때 최대가 된다.

원저자의 해답에서 $\lambda = \rho$일 때라는 것은 $\lambda < 1$일 때 위의 얘기를 했을 때 얻어진다. 물론 $\tau\rho = 1$이기 때문에 도형적인 의미는 같다.

▶ **문제 78.** 구면의 반지름을 1, 내접하는 직원기둥의 높이를 h, 밑면의 반지름을 r이라 하자. 직원기둥의 겉넓이 S는 $S = 2\pi r^2 + 2\pi rh$이다. 중심에서 밑면의 중심까지의 수선과 반지름, 밑면의 반지름으로 직각삼각형이 생기므로 $r^2 + \dfrac{h^2}{4} = 1$이 성립한다. 그러므로

$$S = 2\pi r^2 + 2\pi r\sqrt{4 - 4r^2} = 4\pi\left(\frac{r^2}{2} + r\sqrt{1 - r^2}\right)$$

이 된다. 이 식을 미분하면,

$$\frac{1}{4\pi}\frac{dS}{dr} = r + \sqrt{1 - r^2} + r\frac{-2r}{2\sqrt{1 - r^2}} = r + \frac{1 - r^2 - r^2}{\sqrt{1 - r^2}}$$

이 된다. $\dfrac{dS}{dr} = 0$을 풀면,

$$r\sqrt{1 - r^2} = 2r^2 - 1$$
$$r^2(1 - r^2) = 4r^4 - 4r^2 + 1$$

$$0 = 5r^4 - 5r^2 + 1$$

$$r^2 = \frac{5 \pm \sqrt{25-20}}{10} = \frac{5 \pm \sqrt{5}}{10}$$

이 된다. 증감표를 만들어 보면 $r^2 = \dfrac{5+\sqrt{5}}{10}$ 일 때 최대가 되는 것을 알 수 있다. 그때, $h^2 = 4 - 4r^2 = 4(1-r^2) = 4\dfrac{5-\sqrt{5}}{10}$ 이 된다. 따라서

$$\frac{h}{2r} = \sqrt{\frac{5-\sqrt{5}}{5+\sqrt{5}}} = \sqrt{\frac{30-10\sqrt{5}}{25-5}} = \sqrt{\frac{3-\sqrt{5}}{2}}$$

$$= \sqrt{1-\rho} = \sqrt{\rho^2} = \rho$$

가 된다.

▶ **문제 79.** 밑변을 포함하는 직각삼각형과 오른쪽 위의 직각삼각형은 닮음으로서 닮음비가 2:1이므로 직사각형의 세로의 길이는 $p + \dfrac{1}{2}$ 이다. 흐린 부분의 직각삼각형의 넓이는 $\dfrac{p^2+1}{4}$ 이므로, 문제의 넓이의 비는

$$S = \frac{p^2+1}{4\left(p+\dfrac{1}{2}\right)} = \frac{p^2+1}{2(2p+1)}$$

이고, 이 최솟값 문제를 $p > 0$ 의 범위에서 풀면 된다. 그러기 위해서 미분하면,

$$2\frac{dS}{dp} = \frac{(2p)(2p+1) - (p^2+1)2}{(2p+1)^2} = \frac{2(p^2+p-1)}{(2p+1)^2}$$

이 된다. $\dfrac{dS}{dp} = 0$ 의 해는 $p^2 + p - 1 = 0$ 의 양의 근이고, $p = \rho$ 뿐이다. 증감표를 만들어 보면 거기에서 최솟값을 갖는 것을 알 수 있다.

▶ **문제 80.** 비가 $2:n$인 것뿐이므로, 직사각형의 세로의 길이는 $p+\dfrac{n}{2}$이고, 흐린 부분의 직각삼각형의 넓이는 $\dfrac{n(p^2+1)}{4}$이다. 그러므로,

$$S = \frac{n(p^2+1)}{4\left(p+\dfrac{n}{2}\right)} = \frac{n(p^2+1)}{2(2p+n)}$$

의 최솟값 문제를 $p>0$의 범위에서 풀면 된다. 그러기 위해서 미분하면,

$$\frac{2}{n}\frac{dS}{dp} = \frac{(2p)(2p+n)-(p^2+1)2}{(2p+n)^2} = \frac{2(p^2+np-1)}{(2p+1)^2}$$

이 된다.

$\dfrac{dS}{dp}=0$의 해는 $p^2+np-1=0$의 양의 근이고, $p = \dfrac{-n+\sqrt{n^2+4}}{2}$ 뿐이다. 증감표를 만들어 보면 거기에서 최솟값을 갖는 것을 알 수 있다.

참고문헌

[Bar] Barnsley, M., *Fractals Everywhere*. Boston: Academic Press, 1988.

[Bil] Bilinski, S., Über Rhombenisoeder. *Glasnik mat.-fiz. i astr.* **15**, 1960, No. 4, S. 251-262.

[B/P] Beutelspacher, A. and B. Petri, *Der Goldene Schnitt*. 2. Aufl., Mannheim: BI-Wissenschaftsverlag, 1995.

[CRD] Canovi, L., G. Ravesi, and D. Uri, *Il libro dei rompicapo*. Firenze: Sansoni, 1984.

[Ch1] Chatani, M., *Kunstwerke aus Papier*. Band 1 und 2. Zürich: Orell Füssli, 1986 und 1988.

[Ch2] Chatani, M., *Japanische Papierkunst: dreidimensionales Falten*. Stuttgart: Frech, 1989.

[Co1] Coxeter, H.S.M., *Regular Polytopes*. Third Edition. New York: Dover, 1973.

[Co2] Coxeter, H.S.M., *Introduction to Geometry*. New York: Wiley, 1989.

[Fri] Fricker, F., *Mathemagisches. Das Magazin*. Tages-Anzeiger und Berner Zeitung Nr. 43, 4/5. Dez. 1992, S. 9.

[Ghy] Ghyka, M.C., *Le Nombre d'Or*. Paris: Gallimard, 1959.

[Hag] Hagenmaier, O., *Der Goldene Schnitt. Ein Harmoniegesetz und seine An-wendung*. Gräfeling: Moos, 1984.

[H/P]   Hilton, P. and J. Pedersen, *Build Your Own Polyhedra*. Menlo Park: Addison-Wesley, 1994.

[Hof]   Hofstadter, D.R., *Gödel, Escher, Bach: An Eternal Golden Braid*. New York: Basic Books, 1979.

[Hun]   Huntley, H.E., *The Divine Proportion*. New York: Dover, 1970.

[Kap]   Kappraff, J., *Connections: The Geometric Bridge between Art and Science*. New York: McGraw-Hill, 1990.

[Kn1]   Kneissler, I., *Kreatives Origami*. Ravensburg: Otto Maier, 1986.

[Kn2]   Kneissler, I., *Das Origamibuch*. Ravensburg: Otto Maier, 1987.

[Kow]   Kowalewski, G., *Der Keplersche Körper und andere Bauspiele*. Leipzig: K:F: Koehlers Antiqu., 1938.

[Lau]   Laugwitz, D., Die Quadratwurzel aus 5, die natürlichen Zahlen und der Goldene Schnitt. *Jahrbuch Überblicke Mathematik* 1975, S. 173-181.

[Ma1]   Mandelbrot, B. B., *The Fractal Geometry of Nature*. New York: Freeman, 1983.

[Ma2]   Mandelbro, B. B., *Die fraktale Geometrie der Natur*. Einmalige Sonder-ausgabe, Basel: Birkhäuser, 1991.

[Par]   Pargeter, A.R., Plaited Polyhedra. *The mathematical gazette* **43**, 1959, p.88-101.

[Reu]   Reuter, D., "Goldene Terme" nicht nur am regulären Fünf- und Zehneck. *Praxis der Mathematik* **26**, 1984, S. 298-302.

[Ru1]   Rung, J., Eine Anwendung der komplexen Zahlen auf rekursiv definierte Folgen. *Praxis der Matematik* **29**, 1987, S. 144-148.

[Ru2]   Rung, J., Pythagoreische Dreiecke, Mersennesche Primzahlen und einfache Gruppen. *Der mathematische und naturwissenschaftliche Unterricht* **44**, 1991, S. 195-196.

[Sch]   Schuppar, B., Welche Vierecke sind ähnlich zu ihrem Seitenmittenviereck? *Der mathematische und naturwissenschaftliche Unterricht* **45**, 1992, S. 131-135.

[Tim]   Timerding, H.E., *Der goldene Schnitt*. 4. Aufl. Leipzig: Teubner-Verlag, 1937.

[Tro]   Tropfke, J., *Geschichte der Elementarmathematik. Band 1, Arithmetik und Algebra*. 4. Aufl. Berlin: Walter de Gruyter, 1980.

[Wa1]   Walser, H., Flechtmodelle. *Didaktik der Mathematik* **15**, 1987, S. 1-17.

[Wa2]   Walser, H., Der Goldene Schnitt. *Didaktik der Mathematik* **15**, 1987, S. 176-195.

[Wa3]   Walser, H., Eine spezielle Klasse von Parallelogrammen. *MNU Der mathematische und naturwissenschaftliche Unterricht* **46**, 1993, S. 163-164.

수학자에 대하여

┃루카스　François Edouard Anatole Lucas, 1842~1891. 프랑스 아미앙 (파리 북쪽에 위치한 공업도시)에서 태어나고 파리에서 죽었다. 아미앙의 에콜 노르마를 졸업한 후 루벨리에 밑에서 파리 천문대에서 근무했다. 프러시아와의 전쟁(1870~1871)에 종군하여 패전 후에 파리의 리세 샤를르 마뉴의 수학교수가 된다. 피보나치 수열을 연구하여 자신의 이름이 붙은 루카스 수열을 만들고 소수 판정법을 고안해 냈다. 1876년에 메르센수 $M_{127} = 2^{127} - 1$이 소수라는 것을 보였다. 컴퓨터를 사용하지 않고 보인 최대의 소수이다. 물론

$$M_{127} = 170141183460469231731687303715884105727$$

을 실제로 계산하지 않고 보인 것이다. 이 소수에 대한 루카스 테스트는 1930년에 레마에 의하여 개량되었다. 1883년에 루카스의 아나그램인 Claus 의 이름으로 하노이탑의 퍼즐을 발표했다. 또한 4권으로 된 Récréations mathématiques(레크리에이션 수학, 1882~1894)는 이 분야의 고전이다. [155쪽]

┃만델브로　Benoit B. Mandelbroit, 1924~2010. 폴란드 바르샤바에서 출생하여 뉴욕에서 활동. 1975년 그가 제창한 기하학 이론이 프랙털 기하학이다. 해안선이나 구릉 등 자연계의 복잡하고 불규칙적인 모양은 아무리 확대해도 미소 부분에는 전체와 같은 불규칙적인 모양이 나타나는 자기 상사성(相似性)을 가지고 있다는 것. 어떤 복잡한 곡선도 미소 부분은 직선에 근사하다는 미분법의 생각을 부정한 것이며 어디에서도 미분할 수 없는 곡

선을 다루는 기하학, 컴퓨터 그래픽스에서는 프랙털의 방법을 도입하여 실물에 매우 가까운 도형을 그릴 수 있게 되었다. 주저서로 《프랙털 기하학》이 있다. [10쪽]

┃베르누이　Daniel Bernoulli, 1700~1782. 네덜란드 흐로닝언에서 태어나 스위스 바젤에서 죽었다. 요한 베르누이 1세의 아들. 형 니콜라이와 함께 페테르부르크 아카데미에 있었고(1725), 나중에 오일러와 협력하였으며(1727), 바젤대학 교수를 역임하고(1733), 유체역학에서 베르누이의 원리를 밝혔다. [87~88쪽]

┃보로메오　Sanctus Carlo Borromeo, 1538~1584. 이탈리아 아로나 출생. 교황 비오 4세(1499~1565; 교황재위, 1559~1565)의 조카. 1560년 밀라노 추기경 비오 4세를 도와 트리엔트 공의회 성공에 진력을 다함. 1570년의 기근, 1576년 흑사병이 유행할 때 다른 귀족들은 도망쳤을 때 그는 병자들을 돕는 등 위험을 무릅쓰고 끝까지 밀라노에 남아 빈민 구제에 힘썼다. 극기와 과로로 체력이 소모되어 1584년 밀라노에서 선종하였다. 1610년에 시성되었고 그의 기념일이 11월 4일이다. [132쪽]

┃비네　Jacques Philippe Marie Binet, 1786~1856. 프랑스 부루타뉴 렌느에서 태어났고 파리에서 죽었다. 에콜 폴리테크니크를 졸업하고 정부의 도로나 교량 건설부문에서 일했으며, 모교의 교사로서도 근무했는데 1823년에 콜레주 드 프랑스의 천문학 교수로 취임하였다.

　수학, 역학, 천문학 등에서 많은 논문을 냈다. 행렬론의 기초를 연구하였고 특히 행렬의 곱셈규칙을 발견하였다. 1840년의 Mémoire sur les intégrales définies euléniennes는 중요하고 베타함수의 정의나 변수계수의 선형차분방정식과 종결식을 연구했다. [87쪽]

▎**비에트**   François Viète, 1540~1603. 프랑스의 퐁트네르콩트(Fontenay-le-Compte)에서 태어나 파리에서 죽었다. 푸아티에 대학에서 법학을 공부하였으나(1556~1560) 졸업 후에 수학을 연구하기 시작했다. 1564년경부터 위그노파의 귀족부인의 법률고문이 되었으며, 부인의 여동생의 가정교사가 되어 라로셀에서 보냈다. 1570년에 파리로 가서 샤를 4세, 앙리 3세의 고문관이 되었다. 부르타뉴 최고법원(1589), 파리최고법원, 툴 최고법원의 재판관을 역임하였다. 성 바르톨로메오의 학살 후 위그노 박해를 피해 1584년부터 앙리 4세가 즉위할 때까지 보브와르 슐 메르로 도망갔다. 이 시기에 그는 수학 연구에 전념했고 대수학의 여러 업적을 얻었다. 스페인과의 전쟁 중에는 암호문 해독에 성공했다. 스페인 국왕 필립(Phillip) 2세는 암호가 모두 해독되는 것은 악마의 기술이라고 로마 교황에게 악마를 고용했다고 불평했다. 그레고리 13세가 서양신력인 그레고리력을 만들 때 클라비우스(Clavius)와의 격심한 논쟁으로 나쁜 평판을 얻어 만년에는 힘든 나날을 보냈다(이 문제에 대해서는 그의 태도가 완전히 비과학적이었다).

그는 삼각법, 대수, 기하학 등에 관하여 많은 저술을 했는데, 그 중 중요한 것은 다음과 같다.

《수학 요람》(Canon mathematicus seu ad triangula, 1579)

《해석학 서설》(In artem analyticam isagoge, 1591)

《보 기하학》(Supplementum geometriae, 1593)

《방정식의 수학적 해법》(De numerosa potestaum resolutione, 1600)

《방정식의 재검토와 수정》(De aeguationum recognitione et emendatione, 그가 죽은 후 1651년에 출간되었다)

문자 사용에 대하여 그는 미지수에 대해서는 자음을, 이미 알고 있는 상수에 대해서는 모음을 사용하였다. 알파벳 앞쪽의 문자를 상수로 뒤쪽의 문자를 미지수로 하게 된 것은 데카르트에 의한다. [115쪽]

▮**오일러** Leonhart Euler, 1707~1783. 스위스 바젤에서 태어났고, 러시아 상트페테르부르크에서 죽었다. 요한 베르누이의 제자이며, 수학사상 최대의 많은 업적을 남긴 사람이다. 아직도 그의 전집은 완결되지 않았다고 한다. 미적분학, 복소함수론, 미분방정식, 대수학, 정수론, 위상기하학, 미분기하학, 확률론 등 그의 발자취가 없는 분야가 없을 정도이다. 천문학, 광학, 항해술, 유체역학 등에도 큰 업적이 있다. [85쪽]

▮**유클리드** Euclid of Alexandria, 기원전 330?~275?(365?~300?). 플라톤의 아카데미아에서 배우다. 고대 그리스 수학의 집대성일 뿐만 아니라 그 뒤 2000년 동안의 학문과 교육의 규범이 되었던 《(기하학) 원론》 이외에도 광학, 논리학, 음악이론, 천문학 등 많은 저서가 있다. [49쪽]

▮**탈레스** Thales of Miletus, 기원전 624년경~547년경. 소아시아 밀레토스(현재 터키령)에서 태어났고 밀레토스에서 죽었다. 철학자, 수학자, 천문학자, 천재적인 문제 해결자로서의 그의 명성은 그리스 전역에 걸쳐 퍼졌다. 그리스인들은 뛰어난 문제 해결 능력을 가졌던 탈레스를 고대 그리스 7명의 현인(뛰어난 업적의 인물)의 1인자로 인정하였다. 젊었을 때 이집트를 방문하였고 멤피스나 테베 학교에서 배운 기하학을 그리스에 전했다. 증명이 필요하다는 인식은 그리스를 유럽의 학문의 근원지로 하였다. [60쪽]

▮**파스칼** Blaise Pascal, 1623~1662. 프랑스 오베르쥬 클레르몽에서 태어나 파리에서 죽었다. 아버지 에티엔(Étienne Pascal, 1588~1651: 와우선 발견)은 유복한 가정에서 아들의 교육을 위하여 파리로 이사를 했다(1631). 아버지를 따라서 메르센느 아카데미에 참가하였다. 지라르 데자르그(1593~1662)와 만났다. 사영기하학을 발전시킨 것은 아폴로니우스 이론의 확장이기도 하다(파스칼의 정리-신비로운 육각형의 정리 '원추곡선 사론', 1640). 실용면에서의 발명도 많아 지금도 보통으로 사용되고 있는 손으로 누르는

바퀴달린 차도 그가 발명한 것. 파스칼식 차바퀴(=손으로 돌리는 계산기, 1640)도 인기가 있었으며 현재 8대가 남아 있다. 1646년 말에 토리첼리의 진공실험 소문을 듣고 유체의 정역학에 대하여 흥미를 가졌다. 특히 공기를 유체로서 고찰하는 점이 새롭고 고도에 의한 기압차를 예언하였다('유체의 평형에 관한 대실험담').

도박에서 딴 돈을 공정하게 분배하는 문제의 해에 관한 논쟁으로 1654년 7월 29일부터 10월 27일까지 당대 천재 수학자 페르마와 서신을 주고받으면서 이 문제를 해결하는 과정에서 둘은 확률론 기초를 다졌다. 1658년 봄 어느 날 밤에 심한 치통으로 잠을 잘 수 없었던 그는 고통을 잊기 위해 사이클로이드에 관한 메르센의 미해결 문제를 고심하던 중 새벽녘 문제를 풀었을 때에는 치통이 나았다고 한다. 이때 풀었던 문제는 이미 초등적으로는 풀 수 없던 문제로 본질적으로는 삼각함수의 미적분이 필요한 문제였다. 그러나 그는 자기식의 대수적 언어를 만들어내어 식을 쓰지 않고서도 답을 얻었다. 파스칼의 언어는 특히 명석하여 대수기호법의 사용을 왜 거부하는지 알 수 없을 때조차도 그 위력에는 감탄을 금할 수 없다고 부르바키의 책에도 기록되어 있다. 천재들에게민 시용되는 것이 아닌 일반인에게도 사용될 수 있도록 기호가 고안되었을 때 미적분이 성립된 것이다.

포르루아얄에 들어가 예수회와 논쟁이 있었는데 그가 사망 후 친구들과 모임의 친우들이 초고를 정리 간행한 것이 《팡세 초판본》(1670)이다. 몸이 약했던 그가 39세까지 살았던 것은 그래도 갈대였기 때문인지도 모른다 (《팡세》 속에서 그는 '인간은 생각하는 갈대이다'라고 했다). [101쪽]

▮**푸앵소** Louis Poinsot, 1777~1859. 프랑스 파리에서 태어나 에콜 폴리테크니크를 졸업(1792). 리세 보나파르트의 수학교수(1804~1809), 에콜 폴리테크니크의 해석학 및 역학 교수, 경도국 천문학자(1808)를 지냈다. 정역학과 별모양 다면체, 푸앵소입체, 정수론, 기하학, 역학 등 분야에 업적을 남겼다. 종합 기하학적 방법을 역학에 도입하고 특히 짝힘[偶力]을 상세히

논해서 회전운동의 이론을 전개하여 그 기하학적 표현을 부여하였다(1834). 관성타원체를 사용한 강체운동의 이론은 '푸앵소의 표현'이라 불린다. 《정역학의 원리》(Les Éléments delastatique, 1803). [126쪽]

▮**피보나치** 피사의 레오나르도, Leonardo da Pisa, Leonardo Pisano (=Fibonacci), 1170?(1174?)~1250. 이탈리아의 피사에서 태어났고 피사에서 죽었다. 아버지는 피사의 외교관으로 알제리아로 부임(12세) 아버지와 함께 지중해 연안의 여러 곳을 여행했다. 토지의 계산법이나 기수법을 몸에 익혔다. 1200년에 피사로 돌아와 출판한 《산반의 서》(Liber Abaci, 1202)에서 십진 기수법을 인도·아라비아 숫자로 유럽에 전파하였고, 0을 Zephirum이라고 불렀다. 피보나치 수열 고안. 1220년의 《기하학 연습》은 당시 기하학을 집대성한 것으로 삼각법도 포함하고 있었다. 지금은 잃어버린 유클리드 책(도형의 분할에 관한 것)에 바탕을 둔 부분도 있다. 1224년의 《정화》에서는 부정방정식도 다루고 있다. [86~87쪽]

▮**히파소스** Hippasus of Metapontum, 기원전 400년경에 활약. 피타고라스학파이며, 정십이면체에 외접하는 구를 작도하였고, 조화평균에 대하여 상세히 논리를 전개하였다. 그 당시 피타고라스학파는 만물의 근원은 정수하고 생각했는데 그는 이 학파의 규율을 어긴 이단으로 밀려 피타고라스의 제자들에 의해 바다에 던져져 익사했다는 이야기가 4세기의 책에 실려 있다. 또한 무리수의 존재를 누설했기 때문이라고도 전해지고 있다. [51쪽]

찾아보기

ㄱ

가계도 프랙털   89
계란 판   135
공간 채우기 도형   130
교환 프로파일   11
꿀벌   89

ㄴ

나무 프랙털   13

ㄷ

다중 근호   117
둔각 마름모면체   139
둔각 황금삼각형   38
등변사다리꼴   159
DIN A4 용지   14

ㄹ

루카스 수   155, 187
리츠의 방법   63, 178

ㅁ

마름모 삼십면체   142
마름모 십이면체   129

마름모 입체   128
마름모꼴 별모양 다면체   147
마름모면체   138

ㅂ

바스켓 곡선   167
배수 시스템   11
별 모양   37
보로메오의 고리   132
분수 차원   16
비네의 공식   93, 114, 187
비에트의 정리   115

ㅅ

사마리아 매듭   71
수별   89
신성분할   6
신성비율   6

ㅇ

연분수   112
예각 마름모면체   139
예각 황금삼각형   37
오각형 프랙털   41

찾아보기   215

유클리드 호제법　49
일반 피보나치 수열　103

ㅈ

정다면체　122
정사각형 격자　65
정사면체　122
정십각형　37
정십이면체　123
정오각형　37
정오각형 프랙털　4
정육면체　122
정이십면체　122
정팔면체　122
제2종의 마름모십이면체　143
조립모델　131
종이접기　73
준정다면체　121

ㅊ

천지창조　12
초정육면체　145
최대공약수　49

ㅋ

카세트테이프　61
큰 이십면체　126

ㅌ

탈레스 원　60

T모양 분기　15

ㅍ

파스칼 삼각형　102
펜타그램　71
푸앵소의 별 모양 다면체　126
프랙털　10
프랙털 기하학　25
프랙털 모조리 없애기　46
프랙털 차원　15
피라미드　128, 130
피보나치 수　187
피보나치 수열　86, 91
피타고라스 삼각형　97

ㅎ

활꼴　19
황금기하학　31
황금나무　12
황금나사선　35
황금다각형　55
황금마름모　138
황금분할　2
황금분할의 비　3
황금비　3, 6
황금삼각법　65
황금삼각형　57
황금삼각형 프랙털　25
황금정사각형 프랙털　91
황금직사각형　43

황금진수	152	황금평균	6
황금타원	59	황금확률	161

Der Goldene Schnitt
by Hans Walser

All rights reserved.
Korean translation copyright ⓒ 2017 by KYUNG MOON SA

이 책의 한국어판 저작권은 Hans Walser와의 직접 계약으로
경문사에 있습니다. 저작권법에 의하여 한국 내에서 보호를 받는
저작물이므로 무단 전재 및 복제를 금합니다.

황금분할을
찾아 떠나는 여행

지은이 한스 발저
옮긴이 전재복
펴낸이 조경희
펴낸곳 경문사
펴낸날 2017년 4월 1일 1판 1쇄
등 록 1979년 11월 9일 제 313-1979-23호
주 소 04057, 서울특별시 마포구 와우산로 174
전 화 (02) 332-2004 팩스 (02) 336-5193
이메일 kyungmoon@kyungmoon.com
facebook facebook.com/kyungmoonsa

값 15,000원

ISBN 979-11-6073-006-7

★ 경문사 홈페이지에 오시면 즐거운 일이 생깁니다.
　http://www.kyungmoon.com

한국과학기술출판협회 회원사